JN338662

울릉도 · 독도 관련 거문도 자료

I

영남대학교 독도연구소 자료총서 5

울릉도 · 독도 관련 거문도 자료 I

초판 1쇄 발행 2018년 8월 30일

엮은이 | 영남대학교 독도연구소
발행인 | 윤관백
발행처 | 도서출판 선인

등록 | 제5－77호(1998.11.4)
주소 | 서울시 마포구 마포대로 4다길 4 곶마루 B/D 1층
전화 | 02)718－6252 / 6257　　팩스 | 02)718－6253
E-mail | sunin72@chol.com
Homepage | www.suninbook.com

정가 16,000원
ISBN 979-11-6068-199-4 94910
978-89-5933-697-5 (세트)

· 잘못된 책은 바꿔 드립니다.

영남대학교 독도연구소
자료총서 5

울릉도 · 독도 관련 거문도 자료

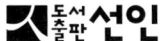

I

영남대학교 독도연구소 편

도서출판 선인

머리말

일본 정부는 2017년 3월에 초·중학교 학습지도요령을 개정하고 2018년에는 다시 고교학습지도요령 개정안에 "죽도(竹島)가 일본 고유의 영토"라는 우리나라의 독도 영유권을 침범하는 교육을 의무화하는 내용을 고시로 발표하는 등 독도에 대한 그들의 주장을 한층 강화하였다.

뿐만 아니라 내각관방 산하 영토·주권대책기획조정실도 지난해 11월 누리집에 독도가 일본 땅이라는 내용의 초중등 교육자료를 게시하였는데, 이 자료는 시마네현(島根縣) 등의 일본 지방자치단체가 제작한 보충교재로 "독도는 역사적 사실이나 국제법상으로 명확하게 일본 고유의 영토"라는 주장과 "한국의 독도 점거는 국제법상 어떤 근거도 없는 불법 점거"라는 내용을 담고 있는 것이다.

특히 영토·주권대책기획조정실이 게시한 「竹島학습리플렛」이라는 것에는 1696년 당시 돗토리번(鳥取藩)의 고타니 이헤이(小谷伊兵衛)가 에도 막부에 제출한 울릉도 및 독도 주변 지도(「小谷伊兵衛差出候竹嶋之繪圖」)와 1930년대 일본 어민들이 독도에서 강치를 사냥하는 사진 등이 실려 있다.

이 「죽도지회도(竹嶋之繪圖)」는 돗토리번의 관리였던 고타니

가 막부의 지시를 받아 "울릉도와 독도는 일본에 속한 섬이 아닌 것으로 안다."는 답변과 함께 제출한 것인데, 에도 막부는 이를 근거로 일본인의 '죽도도항금지령(竹島渡海禁止令)'을 내렸다.

따라서 이 회도는 오히려 일본의 독도 영유권 주장을 반박하는 자료가 될 수 있다. 또 1930년대 일본 어민들의 독도 강치를 사냥하는 사진은 이른바 무주지선점론에 기반한 독도에 대한 실효적 지배를 강조하려는 의도로 판단된다.

이처럼 일본은 그들의 독도에 대한 실효적 지배를 강조하기 위해 수단과 방법을 가리지 않고 자료와 역사를 왜곡하면서까지 주장을 강화하고 있으며, 이러한 억지 주장을 청소년들에게 강제로 주입하는 교육까지 의무적으로 실시하기 위한 법제도를 만들고 있다.

하지만 이미 우리나라에서는 1900년 이전에 울릉도 · 독도에 드나들며 어로활동을 했던 거문도 주민들과 재주해녀가 있었다는 것이 증언은 물론 역사적인 자료 속에서도 등장하고 있다. 이러한 자료를 활용한 우리나라의 독도에 대한 실질 경영을 일본측에 제시한다면 일본이 현재 실시하고 있는 교육이 얼마나 허황한 것인지를 분명하게 밝힐 수 있을 것이다.

거문도인들의 어로활동은 독도 영유권 문제와 관련해서 우리나라가 실질적으로 독도를 경영하고 활용하고 있었다는 것을 증명해주는 단초가 되는 것으로 아주 중요한 역사적 사실 중의 하나이다. 그러나 지금까지 학문적인 차원에서 자료수집이 어려워 주목을 받지 못하고 있었다.

이러한 실정을 타개하기 위해 영남대 독도연구소는 2기 정책중점연구소 사업의 중점연구 대상인 〈환동해문화권 울릉도 · 독도 자료조사〉에 본격 착수하기 위한 전단계로서 여수와 거문도 지역에 대한 예비조사를 실시하였다.

그 과정에서 거문도에 현존하고 있는 자료들을 수집하여 이번에 "울릉도 · 독도관련 거문도 자료 I (영남대학교 독도연구소 자료총서 5)"라는 이름으로 첫 번째 성과물을 학계에 제공하고자 한다.

이 자료집을 토대로 하여 향후 거문도 지역에 대한 조사연구가 활발해져서 거문도 주민의 울릉도 · 독도 어로활동을 재조명함으로써 거문도 사람들의 독도 도항 관련 논거를 정립하는 데 많은 도움이 되었으면 한다.

이번 자료집을 출간하는 데 자료를 제공하여 주신 거문도의 김태수 씨와 그리고 도움 말씀을 해주신 이귀순 씨에게 이 자리를 빌려 삼가 감사의 인사말을 전한다.

2018년 8월

영남대 독도연구소장 최재목

목 차

해 제

해 제 울릉도 · 독도 관련 거문도 자료

전라도의 여수와 순천 지역 사람들이 울릉도 및 독도로 가서 어로활동을 했다는 사실을 알 수 있는 가장 오래된 근거는 1693년에 안용복과 박어둔이 일본으로 납치되었을 당시의 안용복의 진술 내용에서 찾을 수 있다.

안용복은 일본에서 조선으로 귀국하는 도중에 대마도에서 울릉도로 건너가게 된 경위에 대해서 조사를 받았으며, 당시의 조사기록에 따르면 3척의 배가 울릉도에서 조업하고 있었는데 그 중 1척이 전라도 순천의 배라고 진술했다. 당시의 순천은 순천과 여수 일대를 통괄하는 지명이었으며, 거문도 또한 순천부에 소속된 섬이었다.

뿐만 아니라 안용복이 1696년에 자발적으로 일본으로 도항하였을 때 그의 일행 중에 '순천승' 5명이 포함되어 있었다는 기록이 『숙종실록』에 기록되어 있으며, 이 사실은 현재의 여수, 순천 지역민들이 울릉도와 독도로 도해하고 있었다는 것을 명확하게 입증해주는 것이기도 한다.

동래(東萊) 사람 안용복(安龍福) · 흥해(興海) 사람 유일부(劉日夫) · 영해(寧海) 사람 유봉석(劉奉石) · 평산포(平山浦) 사람 이인성(李仁成) · 낙안(樂安) 사람 김성길(金成吉)과 순

> 천(順天) 승(僧) 뇌헌(雷憲) · 승담(勝淡) · 연습(連習) · 영률(靈律) · 단책(丹責)과 연안(延安) 사람 김순립(金順立) 등과 함께 배를 타고 울릉도(鬱陵島)에 가서 일본국(日本國) 백기주(伯耆州)로 들어가 왜인(倭人)과 서로 송사한 뒤에 양양현(襄陽縣) 지경으로 돌아왔으므로, 강원 감사(江原監司) 심평(沈枰)이 그 사람들을 잡아가두고 치계(馳啓)하였는데, 비변사(備邊司)에 내렸다.[『숙종실록』 숙종 22년 병자(1696,강희 35) 8월 29일 (임자)]

『숙종실록』에 등장하는 '순천승' 5명은 당시 순천부 관할의 의승수군(義僧水軍)이 주둔하던 흥국사의 승려였으며, 이들이 안용복과 함께 일본으로 건너간 이유는 알지 못하지만 여수, 순천지역의 승려가 개입되었다는 사실은 명확하게 알 수 있다.

또 거문도 지역 어민의 울릉도 · 독도 진출과 관련해서 1902년의 『통상휘찬(通商彙纂)』 234호에도 기록이 남아있다. 『통상휘찬』에는 거문도 지방의 어민이 대규모로 울릉도에 와서 미역을 채취한다고 기록하고 있으며, 이러한 울릉도에서의 미역채취는 거문도 주민의 증언에 따르면 독도에서의 미역채취로 이어졌다는 것을 알 수 있다.

> 또, 한국본토 간의 교통선은 거의 없으며, 섬에 재류하는 한국인 등과 협동하여 일본의 선박을 고용하여 울산 또는 부산에 대두(大豆)를 수송하고 수용품을 매수하는 경우에 있어도, 1년에 2~3회에 지나지 않고, 또 여름철이 되면 <u>전라도 삼도지방(거문도를 말함, 필자 주)</u>에서 미역채취를 위해 20척 내외가 섬으로 오는 경우가 있어도 화물이 만재되면 본토로 귀항하고 기타 항해용에 적합한 선박을 소유하는 자는 없어도 우연히 부산항으로부터 일본 선박을 고용하여 섬으

로 오는 자가 있다.[『통상휘찬』 234호]

이 『통상휘찬』의 기록에 따르면 거문도 지방의 어민이 여름철이면 약 20척의 선단을 구성하여 대규모로 울릉도로 건너가서 미역을 채취하여 돌아갔다는 것을 알 수 있다.

그리고 고종의 명령을 받아 '울릉도 검찰사'로 울릉도로 건너갔던 이규원(李奎遠, 1833~1901)이 남긴 『울릉도검찰일기』에 따르면 이규원이 검찰을 위해 울릉도를 시찰했을 때 울릉도에는 많은 거문도 어민들이 건너가 있었다는 것을 알 수 있다.

〈『울릉도검찰일기』에 기록된 울릉도 도항자들〉

검찰일	장소	대표자	대표자 출신지	작업내용
4월 30일	소황토구미	김재근(金載謹)+격졸23명	흥양(興陽), 삼도(三島)	선박건조, 미역채취
5월 2일	대황토구미	최성서(崔聖瑞)+격졸13명	강원도 평해	-
	대황토구미	경주사람 7명	경상도 경주	약초채취
	대황토구미	연일사람 2명	경상도 연일	연죽(烟竹) 벌목
5월 3일	왜선창포	이경칠(李敬七)+격졸20명	전라도 낙안(樂安)	선박건조
	왜선창포	김근서(金謹瑞)+격졸19명	흥양(興陽) 초도(草島)	선박건조
	나리동	정이호(鄭二祜)	경기도 파주(坡州)	약초채취
5월 4일	나리동	全錫奎	경상도 함양	약초채취
5월 5일	도방청~장작지	일본인 내전상장(內田尙長) 등 78명	남해도, 산양도 등	벌목
	장작지	이경화(李敬化)+격졸13명	흥양(興陽) 삼도(三島)	미역 채취
	장작지	김내언(金乃彦)+격졸12명	흥양(興陽) 초도(草島)	선박건조
5월 6일	통구미	김내윤(金乃允)+격졸22명	흥양(興陽) 초도(草島)	선박건조

위의 기록에 따르면 이규원이 만난 거문도 주민은 모두 38명이며, 거문도 주변에 있는 초도(草島) 주민 또한 56명에 이르렀다. 즉 거문도와 초도 지역에서만 울릉도로 건너온 주민이 94명이나 되었다는 사실을 알 수 있다. 이들 거문도 및 초도에서 울릉도로 건너온 주민들의 주 목적은 선박 건조와 미역채취였으며 이러한 내용은 『통상휘찬』의 내용과 일치한다고 할 수 있다.

따라서 20세기 초반에 울릉도에서 이루어진 거문도 지역 주민의 활동은 명백하게 역사 사료 속에서 입증되고 있으며, 그들의 목적 또한 확실하게 기록되어 있다. 이러한 거문도 주민들의 발자취를 찾아서 입증하기 위해서는 현재 거문도에 남아있는 자료를 찾아내어야 할 필요가 있다. 그러한 자료들 중에는 기록 자료 및 구술 증언을 비롯하여 당시에 그들이 울릉도에서 채취하여 거문도로 운반한 선박용 목재 등과 같은 실물자료도 있을 것이다.

영남대학교 독도연구소는 일본이 독도를 편입했다고 주장하는 1905년 이전에 독도를 우리가 실질적으로 활용하고 있었다는 증거를 확보하는 것이 독도에 대한 우리의 영유권을 공고하게 하기 위해 반드시 필요하다고 판단했다.

따라서 역사적, 국제법적으로 상당히 중요한 자료인 울릉도 · 독도 관련 거문도 자료들이 멸실되기 전에 수집, 보존해야 할 필요성을 절감하여 2기 정책중점연구소 사업의 중점연구 대상인 〈환동해문화권 울릉도 · 독도 자료조사〉의 일환으로 여수와 거문도 지역에 대한 조사를 실시하였다.

조사는 2차례에 걸쳐서 실시되었는데, 1차 현지조사는 2018년

1월 15일~17일에 실시되었으며, 영남대 독도연구소와 인하대 정태만 교수의 공동조사로 이루어졌다. 제2차 거문도 현지 조사는 2018년 2월 5일~10일까지 5박 6일간 실시되었다. 제2차 조사는 거문도를 비롯한 초도와 손죽도도 조사 대상으로 삼아 여수시 삼산면 일대를 대상으로 한 광역 조사를 실시하였으며, 해당 섬에 현존하는 울릉도, 독도 관련 유적들에 대한 조사를 실시했다.

이번에 발간하는 "울릉도 · 독도관련 거문도 자료Ⅰ · Ⅱ(영남대학교 독도연구소 자료총서 5 · 6)"은 조사과정에서 발굴 수집한 거문도에 현존하고 있는 자료들을 정리하여 울릉도 · 독도에 대한 직접적인 언급이 있는 자료들을 엮은 것이다.

이 자료들은 거문도에 거주하고 있는 김태수 씨의 선친이신 김병순 옹이 일생동안 기록한 기록물의 일부로 먼저 울릉도와 독도에 대한 직접적인 언급이 있는 기록만을 모아서 『울릉도 · 독도관련 거문도 자료Ⅰ』(영남대학교 독도연구소 자료총서 5)로 발간하고, 이러한 김병순 옹의 기록을 뒷받침해주는 거문도의 역사 및 관련 내용에 대한 기록을 모은 것을 『울릉도 · 독도관련 거문도 자료Ⅱ』(영남대학교 독도연구소 자료총서 6)로 발간한다.

김병순 옹의 기록은 약 1,400페이지 달하는 방대한 것으로 김옹이 평생 동안에 걸쳐서 작성한 기록물이다. 그 중에서 울릉도와 독도 관련 기록만으로도 약 210페이지에 달하며, 이 기록을 해석하기 위해 필요한 관련 자료도 약 410페이지에 달한다. 제2차 거문도 현지 조사 당시에 김태수 씨로부터 허락을 얻어 모든 자료를 확인하고 검토를 거쳐서 필요한 자료를 수집하여 분류하고, 정리하여 2권의 책으로 발간하게 되었다.

이번에 발간하는 자료집은 김병순 옹의 기록을 그대로 사진파일로 제공하는 것으로 향후 기록에 대한 정밀한 분석과 조사를 토대로 한 연구를 추진할 예정이다. 이 자료집이 향후 거문도 지역에 대한 조사연구에 활용되어 거문도 주민의 울릉도 · 독도 어로활동에 대한 활발한 연구가 진행된다면 독도에 대한 우리나라의 실질적인 경영 및 활용을 입증하여 독도영유권을 공고히 하는 데 크게 이바지할 것이라고 생각된다.

울릉도·독도 관련 거문도자료 수집 관련 사진

〈 김병순 옹이 기록한 자료(일부) 〉

〈 자료 기록자 김병순 옹 〉

〈 자료 제공자 김태수 씨 〉

〈 영남대 독도연구소 거문도 자료 수집 활동〉

〈 거문도 뱃노래 전수관〉

〈 거문도 장촌리 유물관〉

원문자료

1992.

울릉도 천부동 우노인 증언 6月25日 (107세)

天府洞에서 70年

- 타인들은 一년에 한척의 배를 지었다
- 타인들은 죽으면 꼭 반장을 해갔다
- 식량을 실고온다 소금도 시러왔다
- 타인들이 미역을 따고 건조한(採藿한 미역
  실고가면 식량을 시러온다 타인들 만이 採藿을 했다.

○ 檢察使 李奎遠의 鬱陵島 檢察日記

高宗19年(1882) 4月7日 國王에게 辭陛하고 4月10日에 登程하여 陸路로 原州-平海-邱山浦에 4月27日 到着하였다. 4月29日 이날 비로소 順風을 얻어 邱山浦를 떠나 鬱陵島로 向해 發船하게 된바 三隻船에 分乘한 一行은 檢察使 李奎遠 中樞都事 沈宜琓 軍官出身 徐相鶴 前守門將 高宗八 差備待令畵員 劉淵祐 其他役員沙格 等82名 砲手20名

結幕한 留住人에(迎接하기에) 尋問한즉 全羅島 樂陽 三島사람 金載謹이 引率한 23名 造船과 採藿(미역)에 從事하고 있다

樂安사람 格卒 20名 引率者 李敬七 樂陽初島사람 金謹瑞 19名 樂陽初島사람 金乃彦 引率 12名 結幕造船 全羅道 樂陽三島사람 金乃允 引率한 12名 造船

○ 內務部 視察委員 禹用鼎의 鬱陵島記 1896年(高宗三十三年丙申) 仁川港에서 日本人 警部補 渡邊鷹治郎을 帶同하고 釜山港에 到着 監理署主事 金冕秀 海關稅務司法人 羅保得 同幇辦 金聲遠 日本副領事 赤塚正輔 警部補 渡邊鷹治郎 保護巡檢 申泰炫 金亨郁 日本保護巡檢 2人을 帶同 蒼龍丸으로 鬱陵島 翌日 11時에 本島監 私宅處의 道洞에 入港 對質審問 訓令 開運会社 中

本島는 東海에 遠隔한 孤島로서 水路가 險難 尙今 來往하는 船隻이 無하여 貿易을 하거나 來往하는데 漂沒의 憂慮한즉 各洞頭民으로 하여금 特置開運丸一隻을 会社를 設立하되 贖錢 四百金 各人의 所費로 樹木은 洞民人을 使役 集聚하여 該船價를 빨리 辨給케 할것

1. 本島의 課稅는 主로 미역인바 미역값 百圓에 對하여 五圓을 賦課하면 全羅道의 水性에 익숙한 사람들에 依하여 採取되며 徵稅額은 年間 5-6百圓이나 된다 本來에는 百分之十이 課稅 이나 羅民들의 要請으로 百分之五가 되니 島民들은 百分之十도 오히려 가볍다고 하니 지금부터 百分之十을 課稅하여 年間 稅額이 千餘원이 되어 本島의 運營費에 많은 보템이 되겠다

大日本帝国 松島規合 1870년, 明治3년 2月23日 岩崎忠
長6尺 幅1尺 大日本帝国 松

檢察使 李奎遠의 鬱陵島 檢察日記에서

(471) 高宗19年(1882)4月 7日

4月30日 樂陽三島사람 金載謹 23名 引率 造船 採藿에 從事

(472) 全羅道 樂安 商船 船主 李敬七 引率한 格卒 20名 樂陽 初島사람 金謹瑞 造船 19명 長斫之浦(沙洞)

(473) 樂陽 初島 金乃彦 引率한 格卒 12명 結幕 造船

最初上陸했던 小黃土邱尾(鶴圃) 引率한 砲軍과 造船하는 羅人들이 一齊히 나와 맞아주니 깨끗한 한란없다

(475) 法禁 言論罪施刑 斷然 一撤從速歸 함이 可할것이다

(476) 姓名 居住 日本帝國 南海道 豫州 松山邑 收田商邑 29才 山陽道州 美和邑 禁村 嘉 50才
山陽道 防州 宮市邑 吉崎卯吉 40才 東海道 總州 八田邑 吉谷藤次郎 26才
其他 住所와 年令을 모르는者 吉田代吉 鳥海要藏 壓司勇郎 松尾而已助
留住하는 倭人이 몇명이나
兩处에 結幕人 78名이다 東海道 南海道 山陽道에서 水路로 얼마나
東海는 6千里 南海는 二千二百里 山陽은 一千百里 (一里가 우리나라의 十里)
明治二年 二月十三日 岩崎忠告가 建立 했었 1869

倭人의 板幕을 떠나 浦邊에 내려오니 全羅道 樂陽 三島사람 下都紀가 引率한 者 13名이 結幕하고 採藿하고 있다 長斫을 지나 노라니 倭의 標木이 있는데 明治二年二月 十三日 岩崎忠告 建立 이라하고 長6尺 廣一尺 또 右便에 大日本帝國 松島規谷 1869 이라고 새겨있다 漸次 南쪽 浦口를 向하여 가니 바다가운데 한 작은 바위가 있는데 높이가 數丈인데 마침 可知魚한 마리가 그 위에 누웠으니 海鷗가 놀라서 날며 쪼으려 하니 이 또한 奇觀이다. 桶邱尾에 當到하니 全羅道 樂陽 三島 사람 金乃允이 引率한 者 12名이 結幕 造船 하고 있다

4. 內務部 視察官 鬱島 視察委員 禹用鼎 : 鬱陵島記

1896(高宗33年 丙申) 裵季周 島監으로 赴任하니 日本人이 越侵하여 開拓民을 학대하고 材木을 亂伐 하므로 이를 禁止하려 해도 行悖가 甚하며 不得已 數次 政府에 報告 한바, 內務大臣 李乾夏가 이를 甚히 憂慮 하여 上年 9月에 本部 視察官을 調查委員으로 命하여 鬱陵島를 詳察하고 그 情狀을 上奏하게 하였다

光武 6月 1日

現今 本官이 皇命을 奉有하고 本部大臣 訓令을 承하여 此島人民의 疾苦와 開拓農業의 形便과 外國人의 侵暴하는 情節을 詳細 調查할 次로 外部派員과 同為 來島 하였으며 日本官員 二員 該國 商民의 出沒作弊 하는 情節을 查核코져 亦為 作至케 하였으니 各洞 大小民中 解事한 二~3人式 刻即 來待하여 前後顛末을 悉

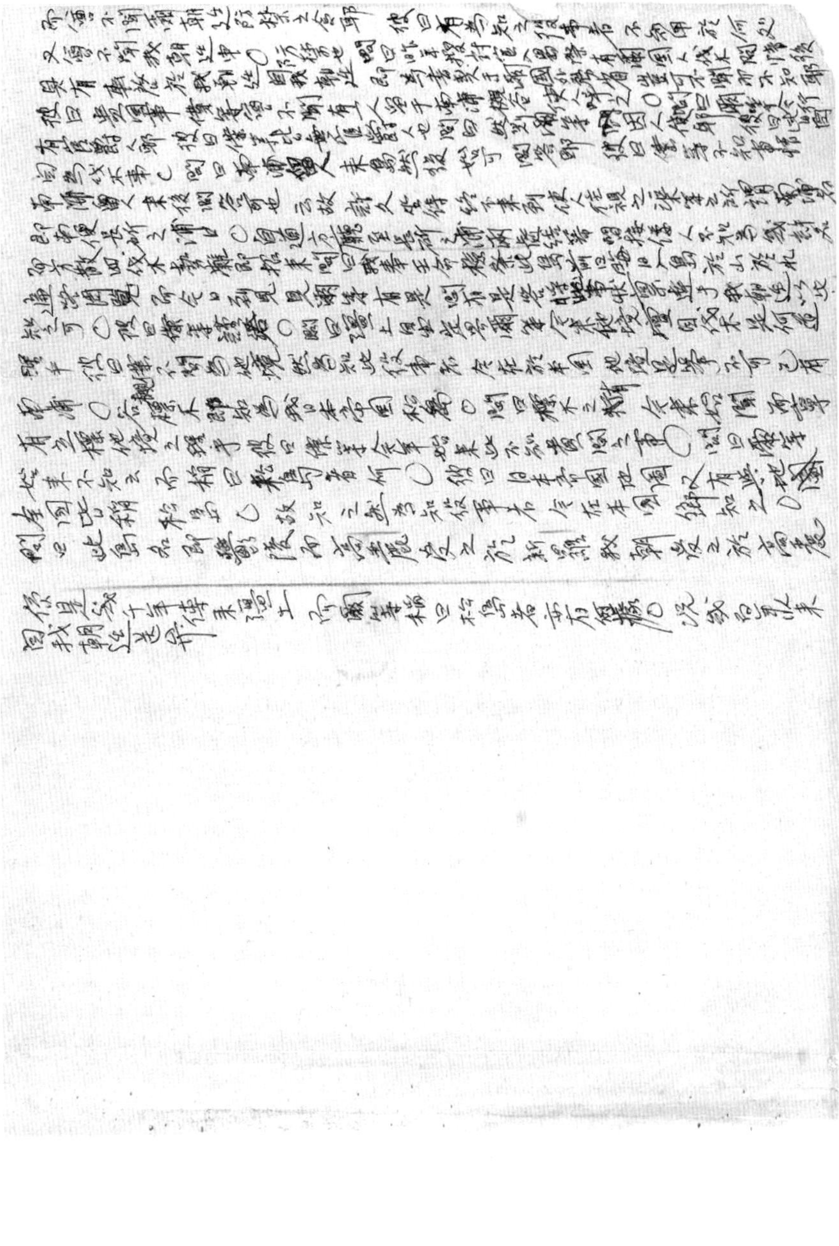

○ 又 6月3日

1 本官이 此島에 來한 後 本部訓示를 宣布하얏으니 兩民人等은 (憲)遵할 事

1. 森林은 國家封山이니 各洞이 極力保護할대 農作을 爲하야 火田을 할지라도 連抱之木을 延燒치 勿할 事

1. 不法頑民이 有하야 日人을 締結하야 槻木을 盜斫하는 者 有하거든 木料는 一幷屬公하고 該民은 即爲逐出할 事

1. 起墾田土와 斗數와 戶口實口를 一一詳査하야 每年으로 本部에 報告할 事

1. 風帆船隻을 買置하야 航路에 便利하고 土産을 運出貿易할 事

1. 本島船隻을 買置한 後로는 島中物産을 本島船隻으로 出口貿易하되 萬一 外國船隻에 裝載하는 境遇에는 該物貨는 一幷本島會社中으로 屬公할 事

1. 捕魚諸具를 準備하야 魚鹽을 先務로 急히 할 事

1. 本國人과 外國人을 莫論하고 伐木造船은 一切嚴禁할 事

1. 學校를 設置하야 人民으로 敎育할 事

1. 或不法한 人民이 以少侮長 하거나 酗酒雜技로 洞規를 亂하는 者 有하거든 法律로 一定하여 嚴行禁斷할 事

○ 訓令開運會社中

本島는 東海에 孤懸한 孤島로서 水路가 險難하야 來往하는 船隻이 無하여 貿易을 하거나 來往하는데 蹤跡의 憂慮가 있을 뿐 아니라 消息이 通하지 않아 政府命令을 奉遵키 難하니 其間頭民으로 하여금 論議하여 開運一隻으로 會社를 設立하되 其金關係와 事務次第은 本部의 指揮에 따를 것이며 本社에 付屬한 火輪錢 四百兩과 所斫한 槻木은 各洞民人은 事役集聚하여 該船價를 빨리 辨給케 할것 이때 各項事件과 船隻關係는 島監과 商議한 後 施宜事

○ 訓令 13洞

本官이 此島에 와서 數日 동안에 島中의 前後事實을 詳探한 바 日本人의 違法侵境盜伐과 開化民에 對한 侵虐은 論할 바도 못되며 開化民中에 日本人과 符同締結하고 阿附奸惡한 所致라고 해서 痛歎함을 禁치 못하였으므로 이에 令하나니 以後로는 島民中에 萬若 日本人과 符同하여 盜伐하거나 騷亂을 피우거나 日本人에게 雇傭되어 盜伐木의 運搬 等의 弊端을 島監은 即時 報告한 다 同時 釜山 監理署에 照會하여 嚴斷할 것이니 特別 惕念하여 罪에 抵觸됨이 없게 할것 此訓令을 各洞頭民은 洞民에게 이 事實을 曉諭하여 한사람이라도 犯罪하는 사람이 없게 할것

○ 報告書

本官이 第一號 訓令을 伏奉하온 즉 鬱島의 視察及 ... 事項으로 特派委員하여 每事件을 明查하고 本島의 어려운 事項을 無漏記載한 冊子로 呈椄 本部에 報告하라 하시오매 監理署 海關稅務司 ... 日本副領事 同警部 等과 함께 島에 到着하여 6月1日 부터 5日間에 島民의 어려운 事情과 前後事實을 後錄과 같이 報告하오니 查照하시기 伏望

○ 光武4年(1900) 6月 日

後錄 內務視察官 鬱陵島視察委員 禹用鼎 議政府贊政 內務大臣 李乾夏 閣下

1. 本島의 地形은 石壁이 많고 長은 70里고 廣은 40里 周廻는 140~50里라고 하여 名稱

森林은 아름드리로 連亘해 있으며 槻木 紫檀 柏子 甘湯 等이 많다. 開墾한 田土는 土壤이
肥沃, 堆肥 없어도 大小麥이나 黃豆 甘藷가 大豊을 이루며 開墾地는 747石餘斗落이나 된다

居住民은 400餘戶 男女 1,47?百餘人이 山谷이나 沿海에서 火田開墾이나 採藿(미역) 等
으로 生活은 豊足하며 棉花 麻布 紙扇 等은 外地에서 買入할 必要가 없고 凶年이 되어도 鷗鳥
와 茗荑 같은 山菜로 飢餓는 免할 수 있고 萬山이 重疊하니 虎豹 豺狼 같은 獸이 없고 森林
이 林立하여도 가시(荊)가 없으며 可謂 名勝地이나 地勢가 急峻한 傾斜로 水田이 없음이 아쉽다

1. 日本人 居住者는 57戶 男女 144名이며 船隻은 11隻 來往商船은 把握하기 困難하며 海臺洞口에서
結幕하고 居住하는데 華屋으로 槻木板子로 지붕을 하고 林木盜伐한 것은 記錄할 수조차 없을 程度
이며 昨年 봄에 71株를 盜伐한 外에 雜木 雜木盜伐한 것은 記錄할 수 조차 없을 程度이며 昨年
~~春 71株~~ 木皮 보다 運搬한 것이 千餘桶이나 ...을 盜伐한 것은 枚擧할 수도 없고 1年內에 甘湯
된다. 이렇게 되면 몇年 後에는 山의 森林이 全滅될 憂慮가 있으며 無故로 行悖 等을 하면
반드시 槻木 몇 株의 伐採를 要求하여 그 承諾을 받아야 行悖를 中止하였으니 이는 槻木
伐採 計策으로 이루어진다

甚之於는 나누어 먹기로 約束하고 잡은 고래(鯨)를 肉類나 油類는 全量 自己들이 차지 하며
甚至 處女까지 戱弄하고 收養에 뛰어들어 婦女子를 凌辱하여 行悖가 莫甚하였으나 空
拳單身인 島監으로서는 禁止할 方策이 없다

大概 日本人이 本島에 潛入居住하는데 1日 經過하면 1日의 害가 있고 2日 經過하면 2日의 害가
있으며 今番 本官의 調査時에도 이들은 辭明回避만 하니 이 日本人들을 하루 빨리 撤去시켜야
島民을 保護하고 森林을 지킬 수 있다

天府 玄圃 台霞 等 洞을 巡察하는데 台霞洞에는 今年春에 八間되는 官舍를 修理하였고 比
較的 平地인 이곳에는 水田을 일구어 陸地에 뒤지지 않는다. 洞民을 모아 擴論하고 搭船 巡察中
에 日本商船 4隻이 톱이 도끼 等을 싣고 와서 70餘名이 盜伐次 下陸하였으므로 日本領事와
談判하여 嚴飭 하니 日本商船은 退去하였다.

1. 本島는 東海中에 遠隔한 孤島로서 陸地와의 往復船舶이 없이는 聲氣가 不通할 뿐 아니라
年來로 日本人이 潛渡하여 居住하면서 恣意와 橫暴가 尤甚하나 이를 禁止할 수 없음은
政令이 通하지 않음이며 島民이 告訴할 수도 없으므로 第一急先務는 船舶買入이며 마침 島
民들이 ?中九船 開運丸을 買入하려하나 購入費의 調達策이 없으므로 開拓民이 盜伐한 106
株의 槻木과 400金으로 開運丸 買入會社에 주고 開運丸 一隻을 買置토록 한 바 本部의 許
諾도 받지 않고 任意로 決定함에 大端히 惶悚하며 萬若에 機會를 놓치면 困難한
立場이며 一島의 情勢와 航路가 急하므로 事前에 稟達 못하였음을 容恕 바랍니다

1. 開國 501年 7月에 本部가 本道에 島監을 두고 全島의 事務를 管轄케 한 바
(1892)
있으나 島監手下에 書記나 使傭이 한사람도 없고 또한 月俸이나 代辦策이 없을 뿐 아니라
島民中에 不法을 行하는 者를 어떻게 指揮나 行令할 수 있겠으며 本島의 住民은 陸地에서
移住한 사람들이라 官長體統을 두려워 할 理가 없으며 島民이나 日本人들이 跳梁하고
犯法하는 것은 다 官長을 蔑視하는 所致인 즉 現今에 本島의 官制를 政府에 請議

裁決後 監務以下의 月俸及 書記나 使傭 等 月給은 島中의 辦經費로서 充當할 수 있는 바
該島의 戶數가 이미 4百餘戶나 되며 每戶에 夏季에는 麥2斗와 冬季에는 黃豆 2斗式을 收捧하면
都合 80石이 되는 바 이것을 給料로 하면 어렵지 않으며 또한 本部의 擔負也何에 좋다.

1. 本島의 課稅는 主로 미역인데 미역값 百圓에 對하여 5圓을 賦課하며 全南道의 水性에 익숙한 사람들에 依하여 採取되며 徵稅金額은 年間 5-6百원이나 된다. 本來에는 百分之十이 課稅 되었으나 島民들의 要請으로 百分之五가 되니 島民들은 百分之十도 오히려 가벼웁다고 하니 지금부터 百分之十을 課稅하며 年間 稅額이 千餘圓이 되어 本島의 運定費에 많은 보탬이 되겠다 造船稅 또는 一隻建造에 五兩式 받는데 島民이 每年 10隻內外를 建造 하는 바 養林地는 다른사람에게 맡길 수 없으므로 다시 定하여야 하겠다

1. 日本人의 納稅는 島監의 到任初인 丙申. 丁酉(1896-1897) 兩年에는 錢金이나 貨物 等의 百分之二를 받고 있었으나 其後 數年以來로 日本人들은 島監을 蔑視하고 全然 納稅 하지 않으니 稅制는 있으나 마나 한 形便이다.

1. 昨年 10月 1日 露國兵艦 1隻이 南陽洞 浦口에 來泊하여 위원官 1人과 通事人 兵丁 7人이 下陸하여 山川을 돌아보고 또한 地圖를 만들고 槻木 1株에 日本人이 사는 75兩으로 定하고 8日間을 滯在하였으나 島監動靜없이 明年 3月에 다시 오겠다 하고 물러갔다

戶口成冊 1件
起墾成冊 1件
日人結幕人口成冊 1件
日人所斫槻木成冊 1件
本島人所斫成冊 1件
監務報 1件
本島等狀 2件
日人事實 1件

~~鬱陵島在留日本人~~
採藿 ~~調査要領~~
1斤
造船 10隻 1隻當
1斤 5兩

鬱陵島在留 日本人調査要領

1. 居住가 一定하지 않은 日本人 百名이 한 地域을 占有하고 村落을 만들어 居住 하면서 木材를 盜伐 하고 商品을 密搬入하여 住民들을 괴롭히고 兵器를 使用하면서 恣意로 暴動을 일삼고 있으나 地方官吏가 禁할 길이 없다.

光武三年 9月 16日(1899年己亥)에 外部大臣이 日本公使에 抗議한 바 있으나 昨年 9月中에 高雄 書記가 鬱陵島에 와서 日本人들의 退去를 命한바 日本人들이 抗議하되 우리가 鬱陵島에서 伐木한 것은 島監의 許可를 받고 相當額의 伐木料를 納付한 바 이것은 盜伐이 아니며 其事實을 照會할것이며 離島監을 是正하여 달라고 抗議 하였다

6月 1日에 韓日委員이 會同하여 日本人 福間 等을 審問하되 「汝等이 전에 鬱陵島에 와서 저지른 犯罪한 各節을 逐條하여 陳述하라」

日本人 福間兵之助, 片岡彥親, 松本繁榮 等의 答한 中에 「우리가 三年前에 本島에 와서

居留하면서 槻木盜伐한 일과 兵器使用한 일이 없고 物貨搬出 時에 島監에게 百分之二를 納
稅하였으니 物貨를 몰래 運搬함도 아니요 숲의 顧忌한 것도 없고 官에서 禁止하는 命令을 들은
바도 없으며 前島監 吳相鉉 在任時에 光緖 木價 5百兩을 하였으되 株數는 定한 바 없으니
이것을 盜伐이라 합니까」

6月2日 問 裵島監 季周하되「昨日 日人等의 告하는 바로는 前에 島監이 報告한 것 과는
相反되니 어찌된일이오」

答「本島監이 丙申五月에 本島에 赴任하니 日本人 數百名이 이미 滯留中이었으며 島民들이
日本人들의 [illegible] 함을 呼訴하므로 本監이 日本人들에게「本島가 貿易하는 곳이 아닌데
汝等이 어떻게 이곳에 왔느냐」하고 그 商船의 船票를 檢查하니 釜山으로 가는 船票인지라
日本人들은 自己들의 잘못을 自認하고 罰金標 6張을 納付하였는 바 10圓票 1枚 30元標가
1枚 50元標가 1枚 300元標가 3枚였으며 또한 事務長 井上芳莊이 納稅冊子 1卷을
提出하면서 運搬物貨稅를 百分之二로 할 것을 自願하므로 丙申. 丁酉 兩年은 搬出物貨稅
를 百分之二씩 收納하였으나 該 日本人들은 罰金標만 納付하고 罰金은 不納한 채 逃亡
해버린 證據文蹟이 있읍니다」고 하였다

領事가 問「本邦人이(日本人) 大豆(콩)으로 納稅하였다는 바 이러한 일이 있었는지?」

島監이 答「今年 正月에 日本人에게 現在 納稅用으로 콩이 얼마나 있느냐 하니 日本人이 現存하는 콩이
40석이라고 하면서 在島 日本人들이 콩으로 納稅하기를 要求하므로 本監이 搬出物貨가 많은데
40석의 이 量의 콩으로 어떻게 稅金條로 낼수 있느냐 하고 許諾하지 않았다」라고 하였다

住民들에게 兵器를 使用한 일에 對하여는 日本人에게 奪取한 銃 1柄이 保管中에
있으며 日本人들의 行悖한 것을 일일이 冊으로 엮어서 또한 保管中이며 科金을 納付하고
伐木하였다는 事實에 對하여는 日本人이 作黨을 하여 威脅을 일삼으며 前都監 吳相鉉
에게 槻木 1株에 50兩을 支拂하고 朴君仲에게 槻木 1株에 5百兩으로 買得하고는
槻木 2株를 運搬하여 株數는 決定한 바 없다 하고 滿山 槻木을 漸次 모두 伐採
하려 하니 어찌 말이라고 할수 있겠는가

1. 日本人들은 退去할 생각은 조금도 없고 槻木盜伐이 더욱 作甚하여 그 無禮함을 坐視
할수 없어 漢城에 가서 이 事實을 上部에 報告하려 하니 日本人들은 이것을 알고 各浦口마다
把守하여 船隻을 鎖塞하여 報告를 못하게 하였다

1/10 日本人 福間 等에게 審問하기를「上述한 바와 같은 犯罪事實이 있느냐」日本人들이

告하되 「昨年 9月에 高林書記가 在島 日本人의 退去를 命하매 卽時 退去하려 하니
마침 田士能이 農商工部 訓令을 가지고 槻木 80株를 伐採함에 裵島監이 우리에게
伐採를 許諾하는 故로 退去하지 아니 하였고 各浦口를 派守한 일에 對하여는 今時初聞
이며 裵島監이 언제 上京하는지 알 수 없음으로 어떻게 各浦口를 派守하겠습니까」
6月2日 裵季周에게 問하되 「일본인들의 告하는 바와 島監의 報告와 矛盾된 은 어쩐 일
이오?
答 「日本人들이 아직 退去하지 않은 는 島中居民處에 太穀(콩) 數萬斗가 있으니 이 콩을 주면
卽時 退去할 것이요 또 前島監 吳相鎰에게 蒙諾한 槻木 28株의 作板한 것을 當時
郡監이 押收하였으니 이것을 돌려주면 裝載하고 退去하겠다 하니 退去하지 않으려는 奸計
이며 金庸爰이 槻木 80株 作板에 對한 일은 田士能이 日本人과 弄奸하여 農商工部
訓令을 憑藉하여 죽기로서 伐採하려 하므로 默認한데 不過하며 어찌 日本人을 換留하여
槻木伐採를 許諾하였겠습니까
又問 「昨日 日本人 福間 等 三人이 頭領이 되어 伐木한 事實이 있으며 罰金表 6장을 福
間等 3人이 그 境遇를 아느냐?」
答 「福間等 三人이 비록 伐木하고 相關은 없으나 在島 日本人의 頭領인 때문에 干涉하지
않은 것이 없으며 罰金票에 對하여 이 3人은 當初에는 알지 못했었다」 고 하였다
問 「이 3人이 伐木과 罰金 等과 無關하다면 島監과 어떻게 裁判할수 있느냐?」
領事가 代答하되 「以往의 伐木에 關聯된 日本人은 本國으로 간 사람이 많고 또한 各處
에 散在하고 있으며 지금 對質하고 있는 3人은 本島滯留 日本人中의 頭領이므로 凡事를 다
알기 때문에 3人을 裁判하는 것이다」 라고 하였다
裵季周가 告한 바에 依하면 派守 各浦口는 日本人이 島監의 上部報告를 阻止한 [illegible] 것을
알수 있다」 하였다
2. 伐木事件으로 島監이 日本에 訴訟하여 裁判費用을 賠償한 것은 몇 年前의 일이나 其
時에 裁判費가 數萬元이라 하고 島監을 脅迫하여 賠償토록 하니 島民들이 恐懼하여 家
産物을 賣却하면서 그 額數에 補充하려고 努力하고 있으나 相當한 困難을 겪고 있다.
6月1日 福間 等에게 審問하되 「上項에 對한 經緯를 陳述하라」
福間 等이 告하기를 「裁判費를 要求한 는 裵島監이 우리가 槻木 95板을 竊盜하여
密搬出 하였다고 日本松江에 裁判하여 裁判所에서 우리를 囚監하여 한달이나 辛苦하였
으며 우리가 其時 運搬한 槻木 95板은 島民들의 賣却한 것을 搬出한 것이며 竊盜하여
搬出한 것이 아니라는 判決로 勝訴하였으니 島監이 마땅히 賠償責任이 있으므로
累次 督促하다가 本郡人들과 韓人 黃[illegible]가 私和할 것을 勸誘하여 島監에게

받고 妥協한 바 있다」고 하였다

6月2日 裵季周에게 問하되「지금 日本人의 告하는 것이 前에 島監의 報告한 것과 相異함은 어쩐 일이냐」 答하되「昨年 9月中에 日本人 福間이 日本人 數10名을 거느리고 官舍에 亂入하여 脅迫하면서「우리가 裁判에 勝訴하였으니 訴訟費 數千圓을 卽時 賠償하라」하므로「裁判은 兩造 對質後에 勝訴가 決定되는 것이 當然한데도 너희들이 이제 單獨으로 裁判해서 勝訴하였다고 訴訟費用을 賠償하라 하니 이러한 道理가 어디에 있느냐」하니 福間等이 怒하여 島監의 手足을 묶고「너가 第一 訴訟費를 賠償하지 않으면 結縛하여 日本으로 싣고 가겠다」고 恐喝이 太甚한 데 日本人 脇田이 콩 4百石으로 私和할 것을 居間하므로 不得已 應諾하였더니 福間의 通事 鄭甚甲은 逼하여 콩을 督促하므로 家屋田土를 島民에게 抵當하고 콩 4百石을 福間에게 換給하였으나 福間이 콩은 받고 領收證을 尙今 送付하지 않으니 物件을 領收하고 領收票를 주지 않는 法이 어디에 있느냐」 하였다.

3. 日本人이 伐木代金條로 韓人 金庸爰에게 3千餘兩을 支拂하였던 바 萬若 伐木을 禁止하면 이 돈을 還拂하여야 하는 바 島民들은 槻木을 生命과 같이 아낌으로 該金額을 還拂하여야 된다고 한다

6月2日 裵季周에게 問하되「日本人이 金庸爰에게 伐木代金을 支拂한 事實에 對하여 그 顚末을 아느냐?」 答하되「日本人 大野桂治가 東萊에 居住하는 金斗彦, 尹章五에게 3433兩을 支拂하고 兩人의 田畓을 抵當한 文券과 手票를 保管中이며 金, 尹 等이 槻木伐採를 爲하여 農商工部 訓令을 得하여 查檢 金庸爰과 日本人 大野를 本島에 보내어 伐木하려 하므로 島監이 禁止하니 該兩人이 伐木을 許可하지 않을 양이면 金3433兩을 卽時 返濟하라고 督促이 莫甚하므로 本監이 不得已 應諾하고 1千百兩은 時價로 計算하여 콩을 支給하고 殘錢은 利子를 合하여 1470兩을 釜山 領事館에 還拂할 것으로 本視察官이 擔當하여 安協을 보았다

6月3日 裵季周와 日本人 福間 等을 對質審問하였다

領事가 委員에 말하되「裵島監이 我民(日本人)이 納付한 稅金에 對하여 領收票를 주지 않음은 어쩐 일이며 처음에는 稅金을 받다가 나중에는 받지 않음은 어쩐 일이요」 委員 答「島監의 말에 依하면 領收票를 支給하면 나중에 露從되어 政府의 問責이 있을까 하여 領收票를 支給하지 않았으며 또한 貿易을 하지 않으면 稅納을 廢止하는 것이 當然하므로 처음에는 收稅하고 나중에는 받지 않았다」고 말하였다

領事가 묻되「政府의 訓令으로 廢止하였는가?」 答「그러하다」

領事가 日本人이 所持한 票紙 4張을 보인 日本人이 吳島監에게 納稅를 約條한 票가 1枚, 裵島監에게 콩 30斗를 納稅한 票가 1枚, 吳島監에게 콩 1百40斗를 納稅한 票가 1枚, 吳島監이 日本人에게 槻木運搬을 禁止하지 않겠다는 票가 1枚였다

監은 처음부터 撤回하지 않았다고 하니 貴國民의 말에 錯誤가 있다」

領事 答「我國民의 報告에 依하면 島監이 田士能에게 우리는(日本人) 官廳에
오라고 하므로 우리가 田士能이 伐採木 할 80株의 伐木許可票를 달라고 하니
島監이 3日後에 支給하되 伐木을 妨害하는 者가 있으면 내가(島監) 擔當할 것이며 또
한 農商工部의 訓令狀이 있는데 伐木許可票는 交付할 必要도 없다고 하였다고 하니
이것이 即 當然中에 退去를 撤回한 것이 아니냐」

領事「我國民의 말에 依하면 船隻이 本島에 碇泊하고 있어도 島監이 退去하라는 말은 한
번도 없었다고 하니 이것은 碇泊을 默認한 것이 아니냐?」

摠務司「田士能이 伐木할 80株는 全量 伐木한 然後에는 現在 滯留中인 日本人
180餘人과 來泊中인 11船隻이 退去 하겠느냐?」

領事「어떤 意由로 이러한 質問을 하느냐?」

摠務司「前에 高雄書記가 貴公事의 指揮와 承諾으로 貴國民의 退去를 命한바
있으므로 이의 迅速한 決末을 알기 爲하여 質問한다.」

領事「我國民의 말에 依하면 該 80株를 다 伐木 하면 退去 하겠다고 한다」

委員「田士能이 農商工의 訓令을 濫藉하고 이미 83株를 伐木 하였으니 80株
의 伐木關係는 論議할 必要가 없다」

委員이 領事에게 말하되「貴國民 福間이 吳島監에게 5百兩을 給付하고 槻木을 買收할새 株數는 定하지 않았다 함은 甚히 無理하다」福間 等이「吳島監의 票記가 있다」고 票를 받아 보니「槻木一株 伐木條로 五百兩을 받았다」되어 있으니 槻木 1株에 5百兩을 받았음이 明確하다

領事答「이 票의 槻木이라는 一字가 文書上의 一字이지 槻木一株의 一字가 아니다」하였고

委員答「買賣法이 무슨 物件을 莫論하고 數字를 定하지 않은 것이 있는가?」

日領事答「吳島監이 지금 이곳에 없으니 이 案件은 未決로 두자」고 하였다

委員이 領事에게 묻되「貴國民이 否認하고 있으나 兵器를 使用한 證據가 있으니 去月에 海上에 漂流하는 죽은 고래를 貴國民 7名과 我國民 7名이 그것을 半分하기로 하고 合力하여 끌고 온 後에는 半分하지는 않고 겨우 70兩을 주므로 我國民이 그 不均衡한 것을 꾸짖으니 貴國民이 怒하여 拔劍하므로 我國民 2名은 頭部에 칼을 맞아 傷하고 1名은 다리에 負傷을 하였으니 이것이 兵器를 使用한 證據가 아니고 무엇이냐?」

領事答「我國民의 報告에 依하면 그 칼은 고래를 토막내기 爲하여 차고 간 것인데 어찌 사람을 傷害하기 爲하여 차고 갔겠느냐?」

委員이 領事에게 묻되 貴國民 20名이 島監官房에 夜間을 利用하여 行悖를 한 明記錄이 있는바 이러한 悖端이 있을 수 있겠느냐?

領事가 말하되「이 記錄은 누구의 記錄한 것이냐」

答「林監察이다」

領事「我國民 20名이 官房에서 行悖할 때 目擊한 사람이 몇이나 되느냐?」

○ 答「島民全體가 다 아는 事實이다」

領事「때가 夜間인데 어떻게 島民이 다 알 수 있겠느냐?」本島居住人을 招問하니 島人은 3~4人이 目擊하였으며 其時 往參한 日本人이「夜間에 官房에 侵入할 때에 島監의 아들 한사람 뿐이다」라고 하니 島民 1人이「나도 그때에 參席하고 있었다」하였다.

領事「我國民의 陳述에 依하면 吳島監이 日人들에게 本島에 交通船이 없으니 너희들 日本人을 雇傭하여 造船用材를 伐採한다고 한바 在島日人들이 約束대로 木材 伐採하던 中 1名의 其妻가 病이라는 消息을 듣고 數日間의 休暇를 要請하니 島監이 不聽하고 雨傘柄으로 毆打한 違約을 問責한대 不服하다」

委員「貴國民의 一夜往來에 무엇큰 費用을 請費 하였으며 請費가 있다 할지라도 이것을 憑藉하여 槻木 6株를 强要하니 너무 無理한 處事가 아닌가?」

領事「吳島監이 지금 어디에 있는가?」

答「全羅道에서 살고있다」

領事「當者가 있어야 審判할 수 있겠다」

委員「在島貴國民이 退去하라는 것을 島監이 挽留하므로 卽時退去치 않았다」고 하나 島

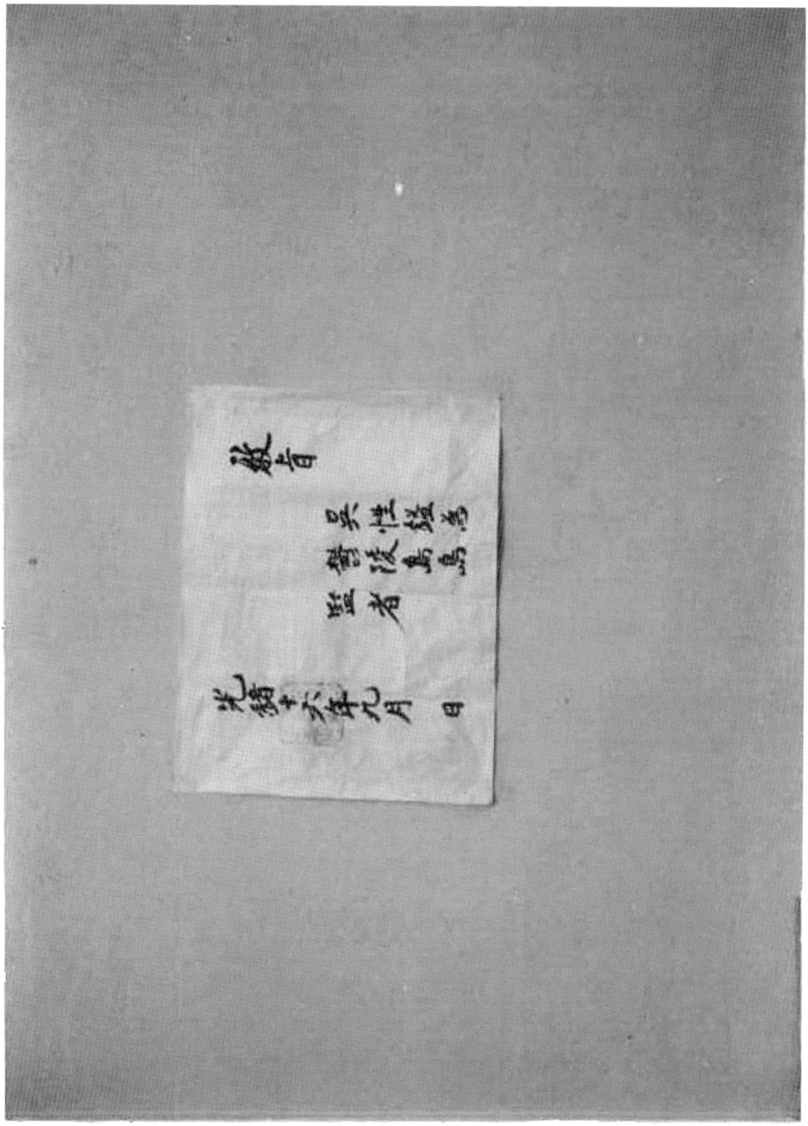
敎旨
吳性鎰爲
鬱陵島島
監者
光緖十六年九月 日

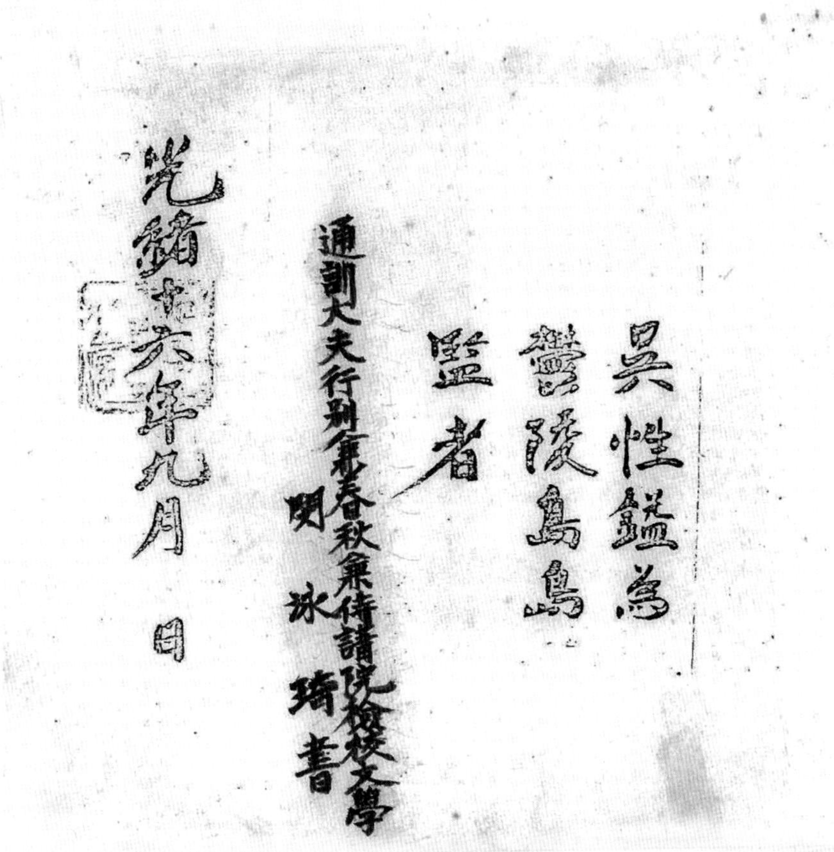

吳性鎰爲
鬱陵島島
監者

通訓大夫行[illegible][illegible][illegible]春秋兼侍講院檢校文學
閔 泳 琦 書

光緒十六年九月 日

50

本籍	
全羅南道務安郡[illegible]面[illegible]里六百七拾五番地	農 七統[illegible]戸

事由
[illegible]地番[illegible]ニ依リ[illegible]地番[illegible]
大正拾参年九月参拾日午前拾壱時全羅南道務安郡三[illegible]面[illegible]里六百七拾五番地ニ於テ死亡同居者[illegible]届出同年拾月[illegible]日受付
大正拾参年拾月貳拾日[illegible]相續届出アリタルニ因リ本戸籍ヲ抹消

戸主	
本	同福
前戸主	呉[illegible]
戸主トナリタル原因及其年月日	前戸主呉[illegible]死亡ニ因リ開國五百十三年[illegible]月三日戸主ト為ル
父	呉[illegible]
母	李氏
出生別	長男
姓名	呉[illegible]
生年月日	開國四百[illegible]年[illegible]月[illegible]日

身位	母
事由	大正七年八月八日午後拾時全羅南道務安郡三[illegible]面[illegible]里六百七拾五番地ニ於テ死亡
父	李成根
母	姜[illegible]
出生別	長女
本	全州
姓名	李氏
生年月日	開國四百[illegible]年[illegible]月[illegible]日

身位	妻
事由	大正三年七月十九日死亡ニ付申告
父	趙宗信
母	朴是[illegible]
出生別	長女
本	咸安
姓名	趙丁[illegible]
生年月日	開國四百六拾[illegible]年[illegible]月[illegible]日

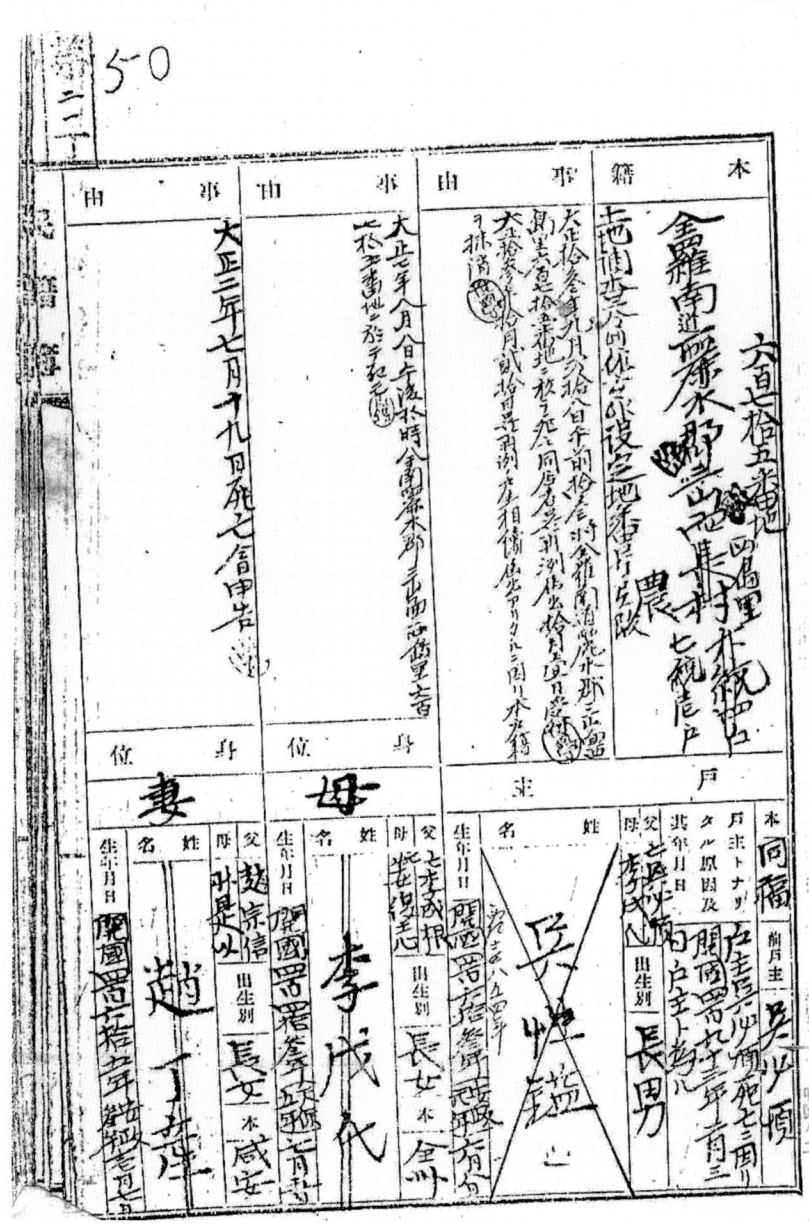

吳島監墓

就任 庚寅年, 丙申年

1993. 11. 김 홍근

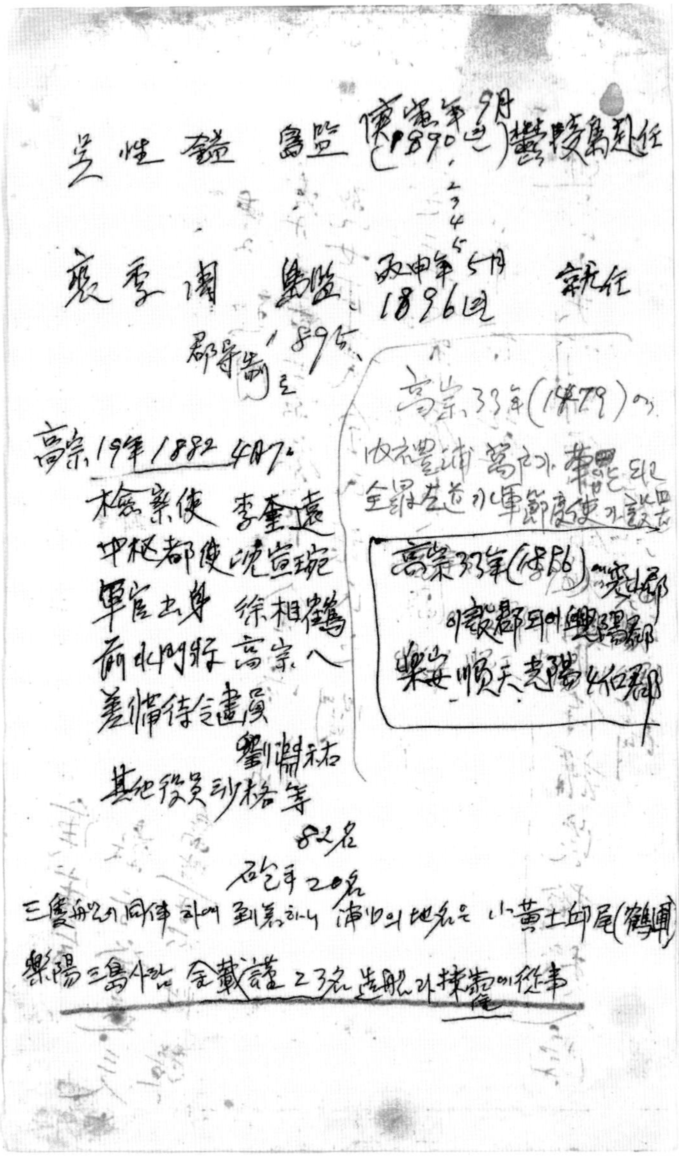

吳性鎰 島監 庚寅年 9月 (1890년) 鬱陵島赴任

2
3
4
5

裵季周 島監 丙申年 5月 1896년 就任

郡守制 1895로

高宗19年 1882 4月에

檢察使 李奎遠

中樞都事 沈宜琬

軍官出身 徐相鶴

前水門將 高宗八

差備待令畵員

劉淵祐

其他役員砂格等

82名

砲手 20名

三隻船으로 同行하여 到着하니 浦口의 地名은 小黃土邱尾(鶴浦)

興陽三島사람 金載謹 23名 造船과 採藿에 從事

高宗33年(1879)에

收禮豊浦 第7가 革罷되고

全羅左道 水軍節度使가 設置

高宗33年(1896)에 突山郡

이設郡되어 興陽郡

樂安 順天 寶陽 4個郡

初五日 到島 金乃彦爲名者

初七日 造船羅人等 一齊稱謁

此倭船艙 由中心羅里洞 陸地入居 則由羅里一洞 (可容數千戶之地也)

初八日 經玄圃支 到倭船舶

初九日 海狗水陸之產多處 而入島造船之海民 以銃砲 (捕捉食肉矣)

初十日 有倭人板幕中先通後入往 則六八倭人出門迎接 初無東萊道

辭辛去 以筆談問情 曰今見羅們 可知日本人 而何月何日入此島

做甚事 結幕留接耶 曰東京國東海道 或南海道 山陽道人

卯自二年前 始爲伐木工役 今年四月又來此役 伐木用於何處

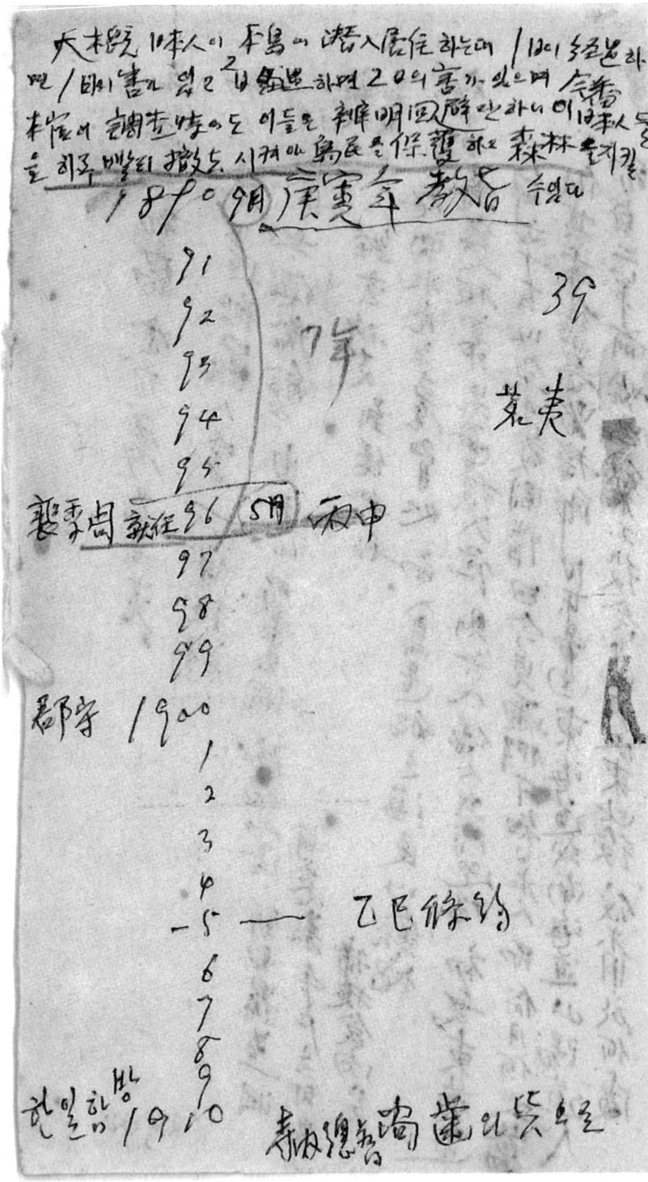

大槪 日本人이 本島에 潛入居住하는데 1년이 經過하면 1배이 增가 없고 2년 經過하면 20의 증가가 있으며 今番 本官이 調査時에도 이들은 辨明回避만 하니 이 日本人들을 하루 빨리 撤去시켜야 島民을 保護하고 森林을 지킬 수 있다

1890 9月 庚寅年 敎旨 수였다

91
92
93
94
95
裵季周 就任 96 5月 丙申
97
98
99
郡守 1900
1
2
3
4
5 — 乙巳條約
6
7
8
9
한일합방 1910 朝鮮總督府 관보에 발표로

7年

39

[illegible]

인수증
현 대수 서울신문 지국장
김덕현
1962. 4月 日
1982.

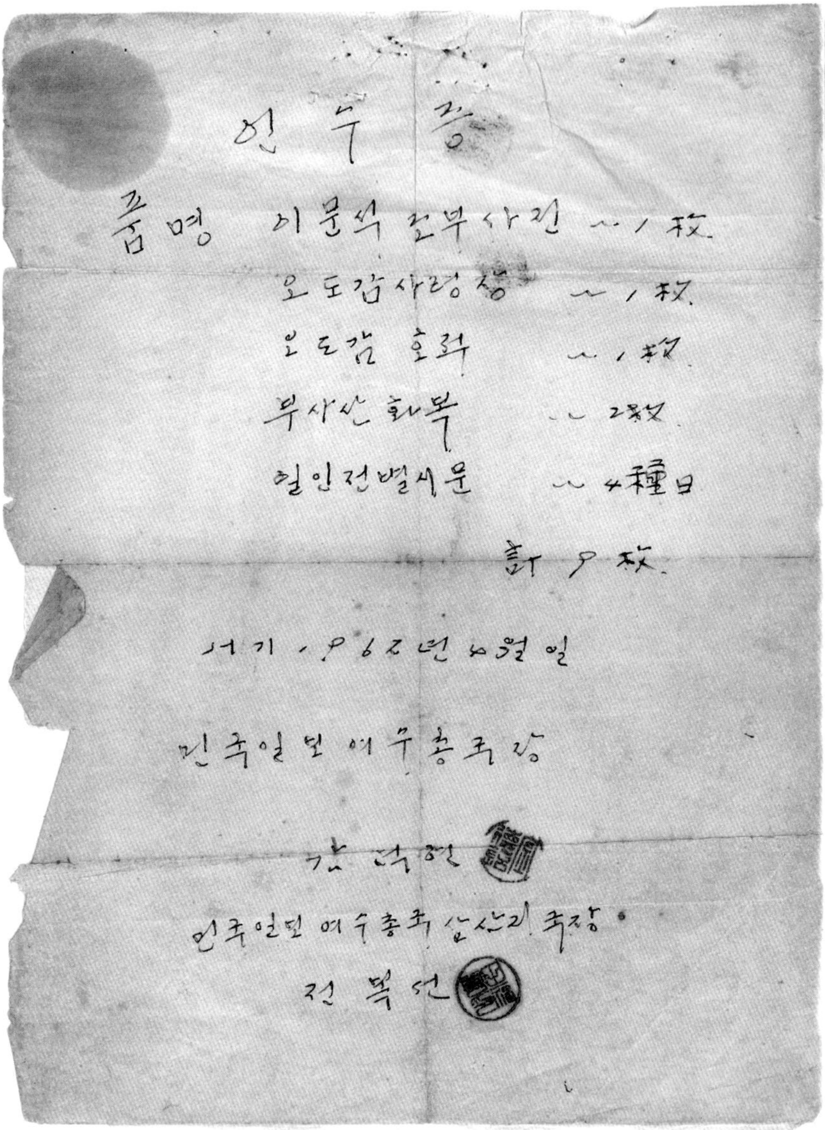

인수증

품명 이문석 조부 사진 … 1枚

오도감 사령장 … 1枚

오도감 호적 … 1枚

무사산 화복 … 2枚

일인 전별시문 … 4種目

計 9枚

서기 1962년 4월 일

민족일보 여수총국장

강덕헌

민족일보 여수총국 삼산지국장

전복선

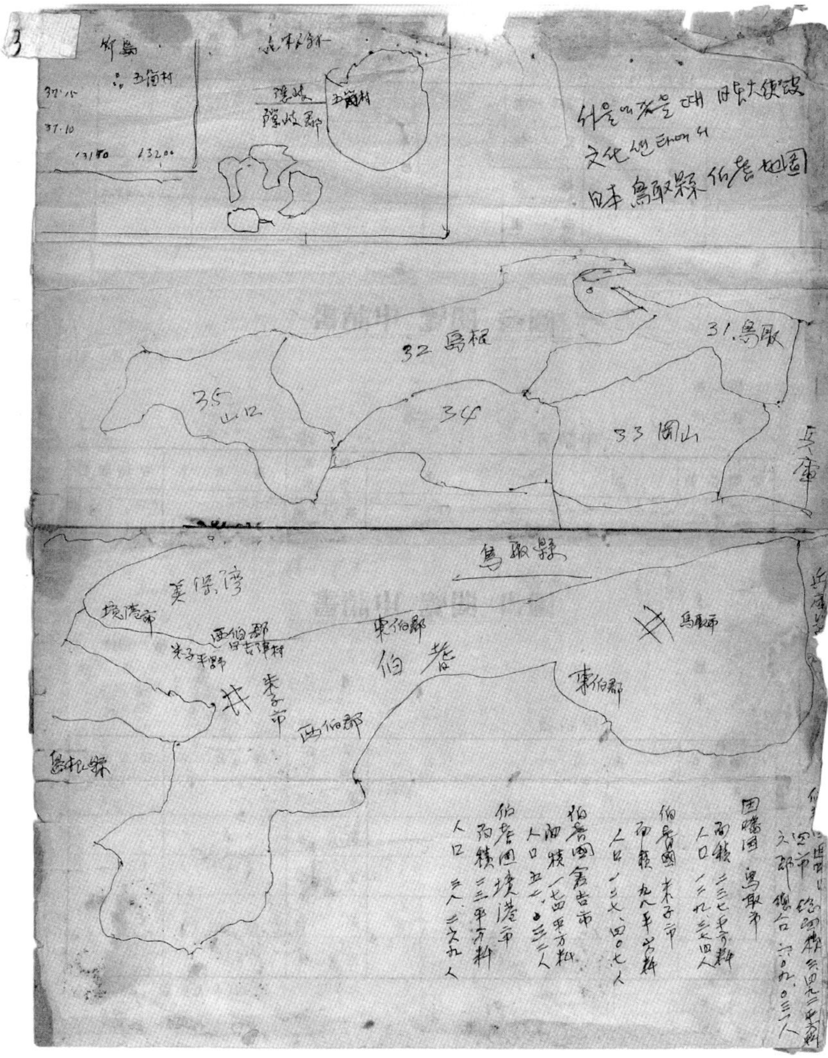
竹島
五箇村
隱岐郡
서울에 있을 때 日本大使館
文化센타에서
日本 鳥取縣 伯耆 地圖
32 島根
31 鳥取
35 山口
34
33 岡山
兵庫
鳥取縣
美保灣
境港市
西伯郡
米子市
伯耆
東伯郡
鳥取市
島根縣

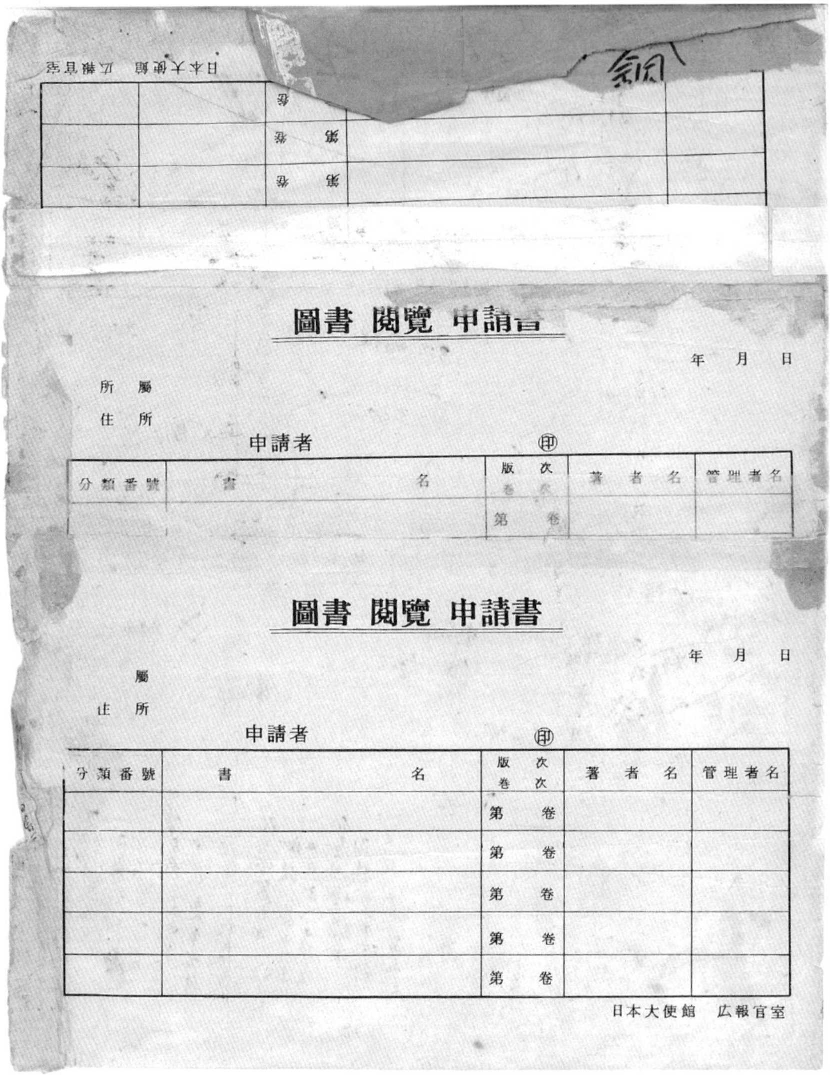

圖書 閱覽 申請書

年 月 日

所 屬

住 所

申請者 ㊞

分類番號	書 名	版次 卷次	著者名	管理者名
		第 卷		

圖書 閱覽 申請書

年 月 日

屬

住 所

申請者 ㊞

分類番號	書 名	版次 卷次	著者名	管理者名
		第 卷		
		第 卷		
		第 卷		
		第 卷		
		第 卷		

日本大使館 広報官室

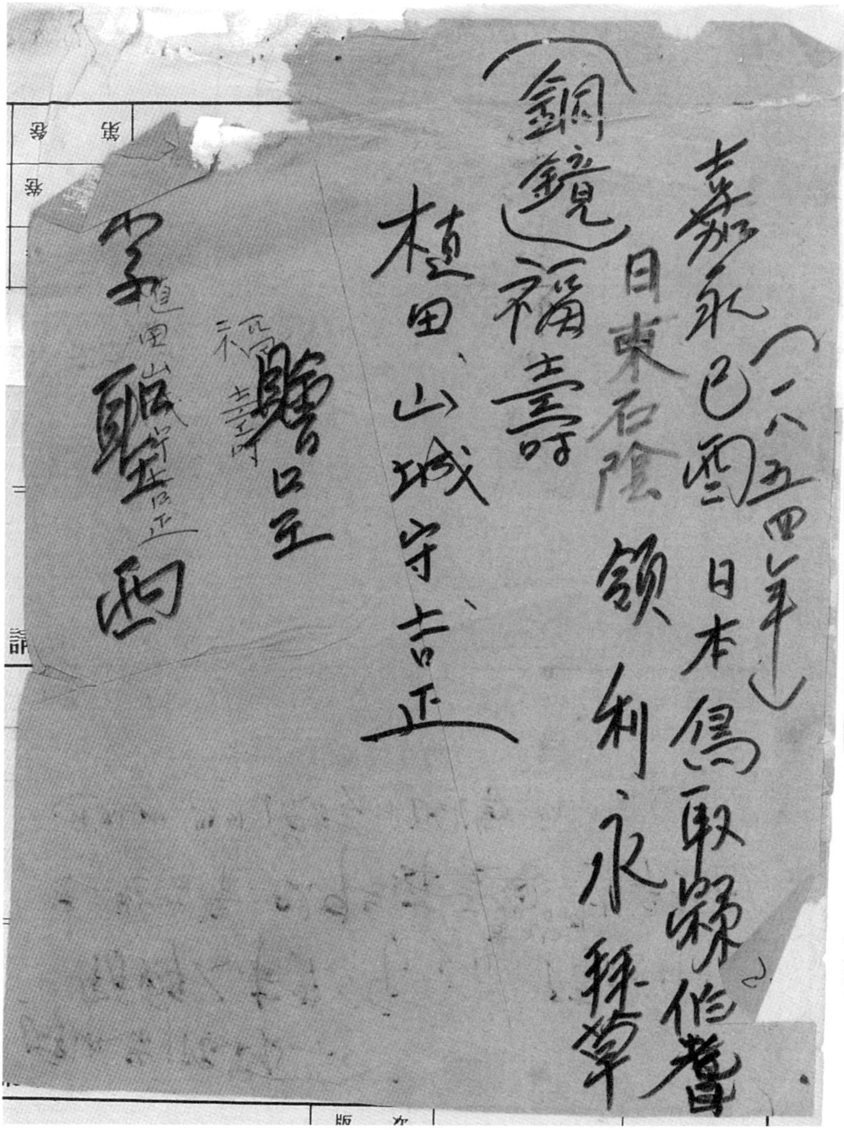

嘉永己酉（一八五四年）日本鳥取縣作者
日東石陰 領利、永輝草
（銅鏡）福壽
植田、山城守、吉正
福壽 贈口正
字 植田山城守吉正 璽 西

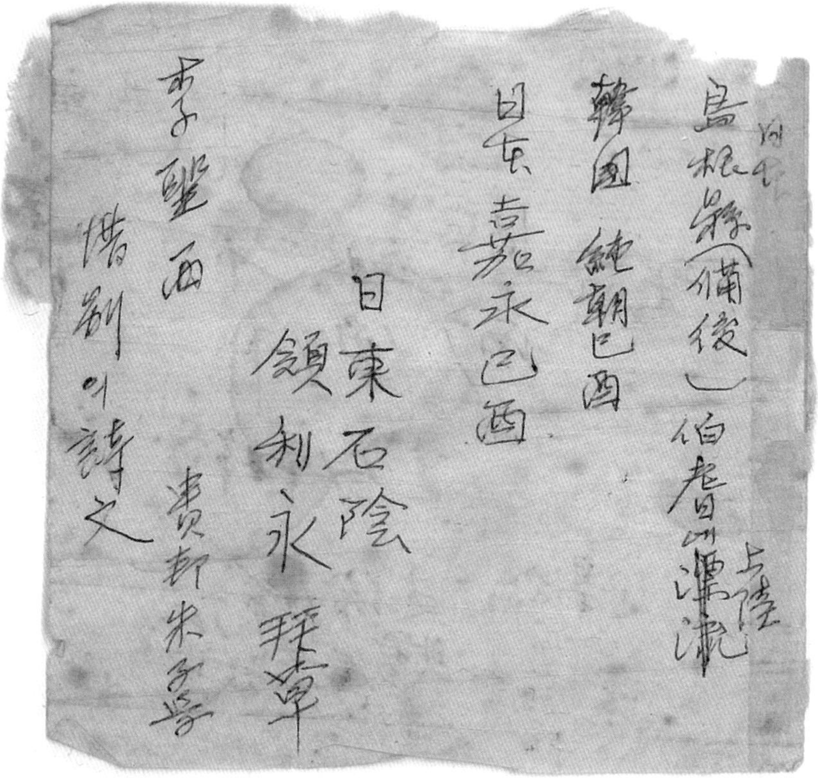
島根縣(備後)伯耆에漂流 上陸
韓國 純朝己酉
日本 嘉永己酉
日東石陰
領利永拜草
李鑒西
貴邦朱子學
惜別의詩之

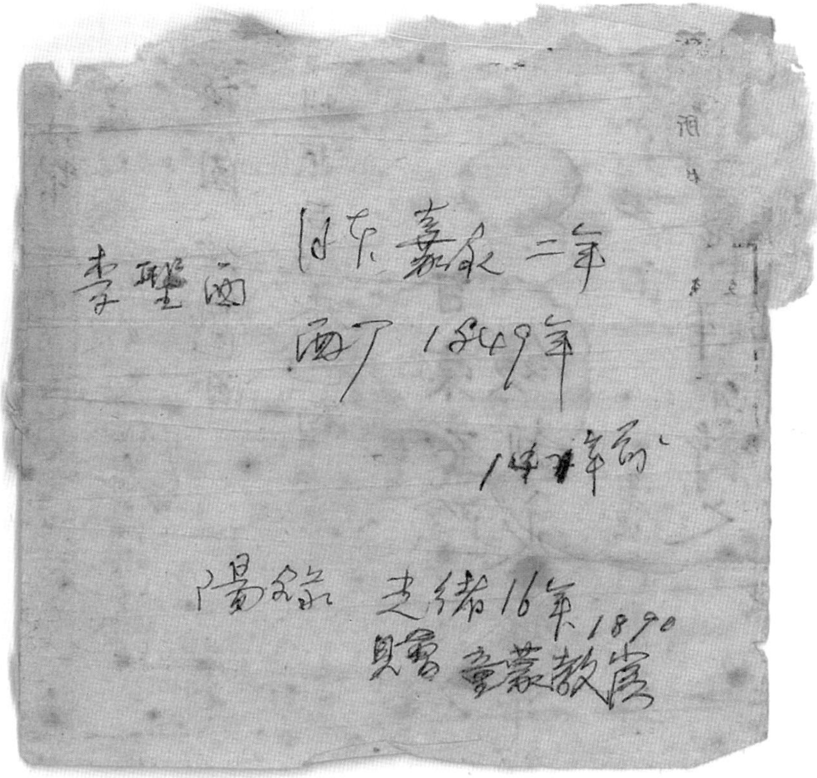

李璧海

陽曆 嘉慶 二年
己酉 1849年

陽曆 光緖16年 1890
具會 童蒙教官

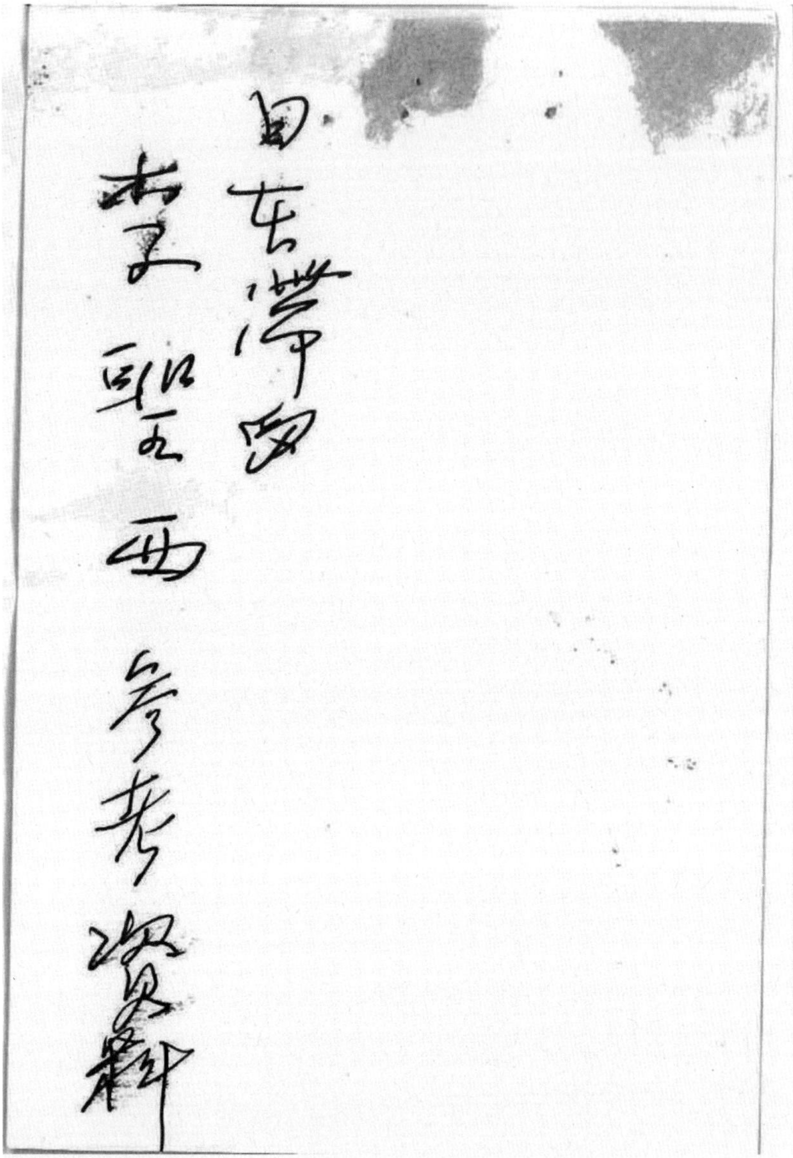
參考資料

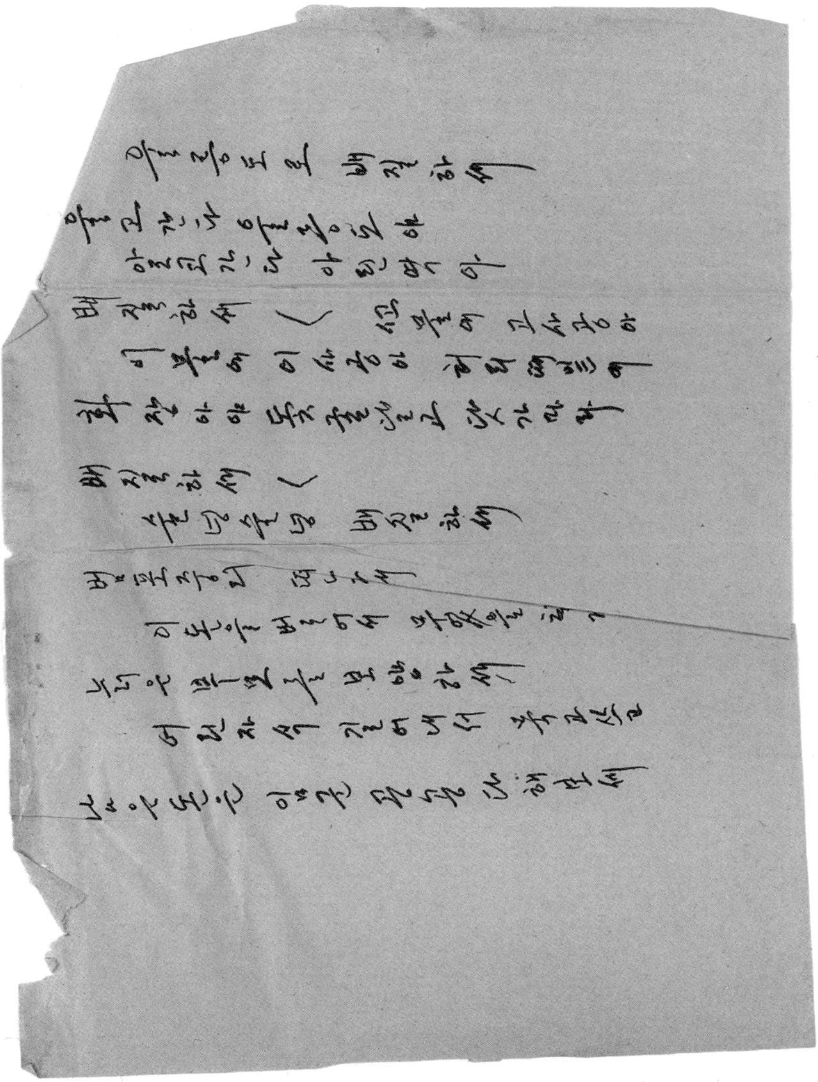

九州大学大学院 教育学研究科
博士後期課程
金 俊 華
〒812 福岡市東区箱崎六ー十九ー一
TEL (〇九二) 六四一ー一一〇一
(内) 三四六二

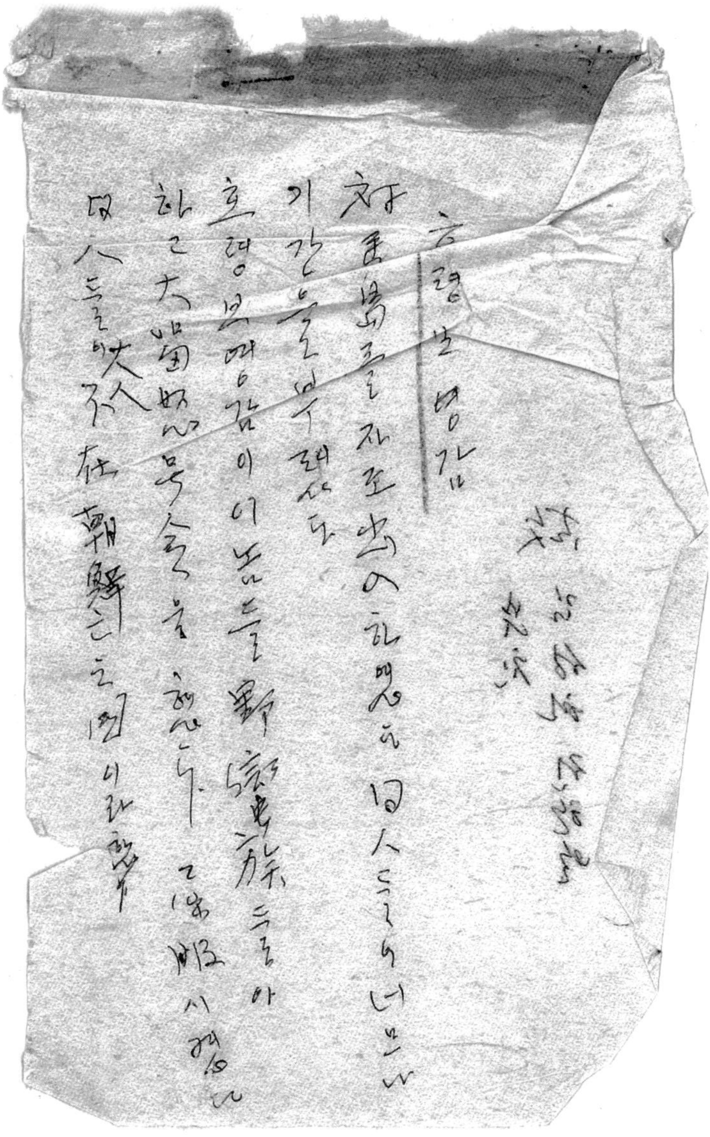

巨文島文化事業委員會

一八〇〇年代 東海바다 哀歡을 담은

배질을 하는 노래 先人들의 海洋航海가 基礎가 되여

巨文島人들의 勳績은 그外

國際港 東洋의 最要之島 1845 英國 Bel Ho 1850年

露西亞 1857年 佛蘭西 獨逸 伊太利 和蘭 花旗

巨文島灣에 集結하면 夜景의 夜光壯觀

一九四〇年 濟州 釜山간 가이쇄리호 遭難 東亞

大學生 一般客 十三名 溺死 慰靈塔 建立

構想 巨文島 安全港으로 大統領이 指示

巨文島人들은 鬱陵島를 이즐수가없다

○巨文島(興陽三島)一九六二년 五月 鬱陵島獨島에
國籍不明의 飛行機가 出漁中의 船團에 機銃射擊
을加하였음으로 朴正熙最高會議議長게 建議書
提出

○朴正熙議長一九六二年十月初度視察
島民들은 意外의 歡迎 一九六三年七月恩惠不忘
碑를建立

○一九八○年金萬鉄七人家族脫出救助를받았다
巨文島人日本鳥取縣에漂流一八四九年李聖西

百餘年前鬱陵島航海中 遭難船舶

部落	船舶	行先地 및 遭難바다	피해状況	其他
西島長村	오구상네 배	울릉도-거문도-인천 인천 월미도		
〃	金忠炫相文네	울릉도		
〃	張希植相文네 배	울릉도		
〃	車壬允네 배			
〃	李永彬네 배			
〃	金기용 배			
〃	仁周네 배		11명 死亡	海賊
〃	李鳳烈相文			
德村	金貴甲相文	울릉島		
	金在允相文	〃		

縣

興陽三島

道化面 1885 1

1886 2

1887 3 英國艦 撤收

1888

1889

1890

1891

1892

1893 巨文鎮 10年

1894

1895

1896

1897

1898

1899

1900

1901 西島里 面事務所

1902

安山郡 1903

13年 1904

1905

1906

1907

1908

西島里 1909

1910

1911

1912

1913

1914

麗水郡

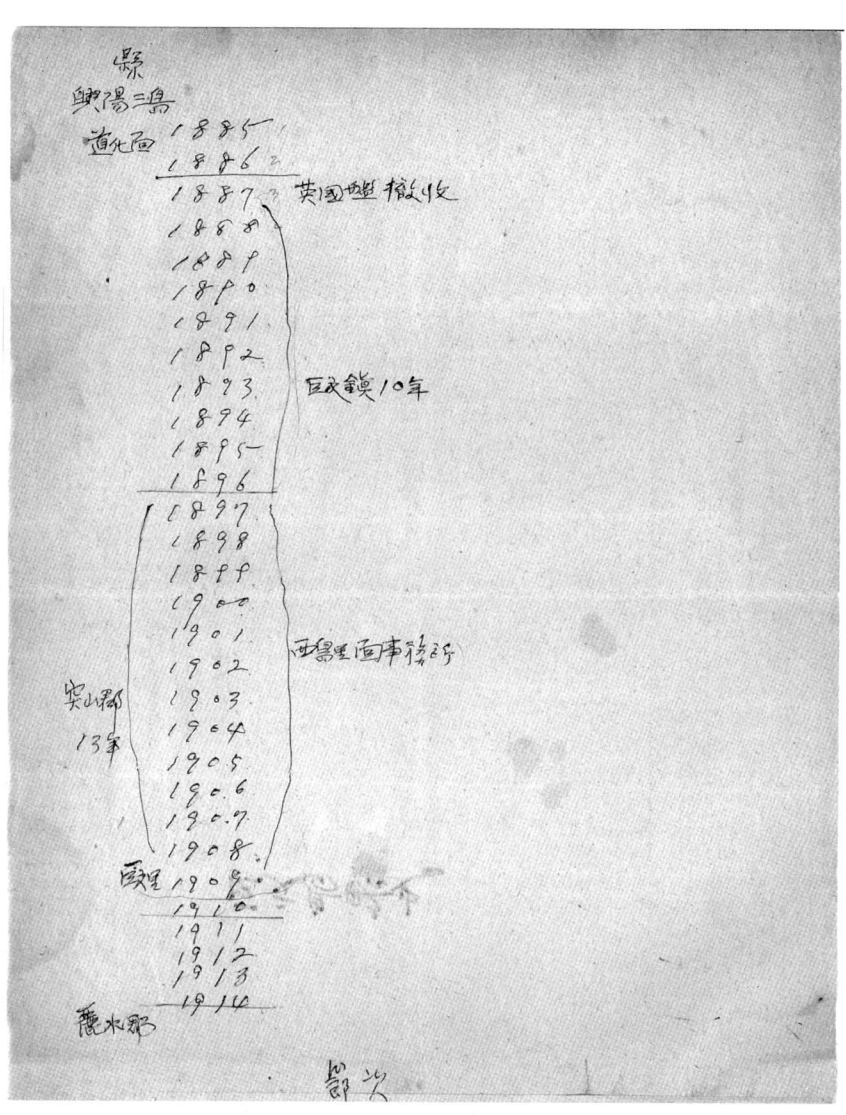

鄙 次

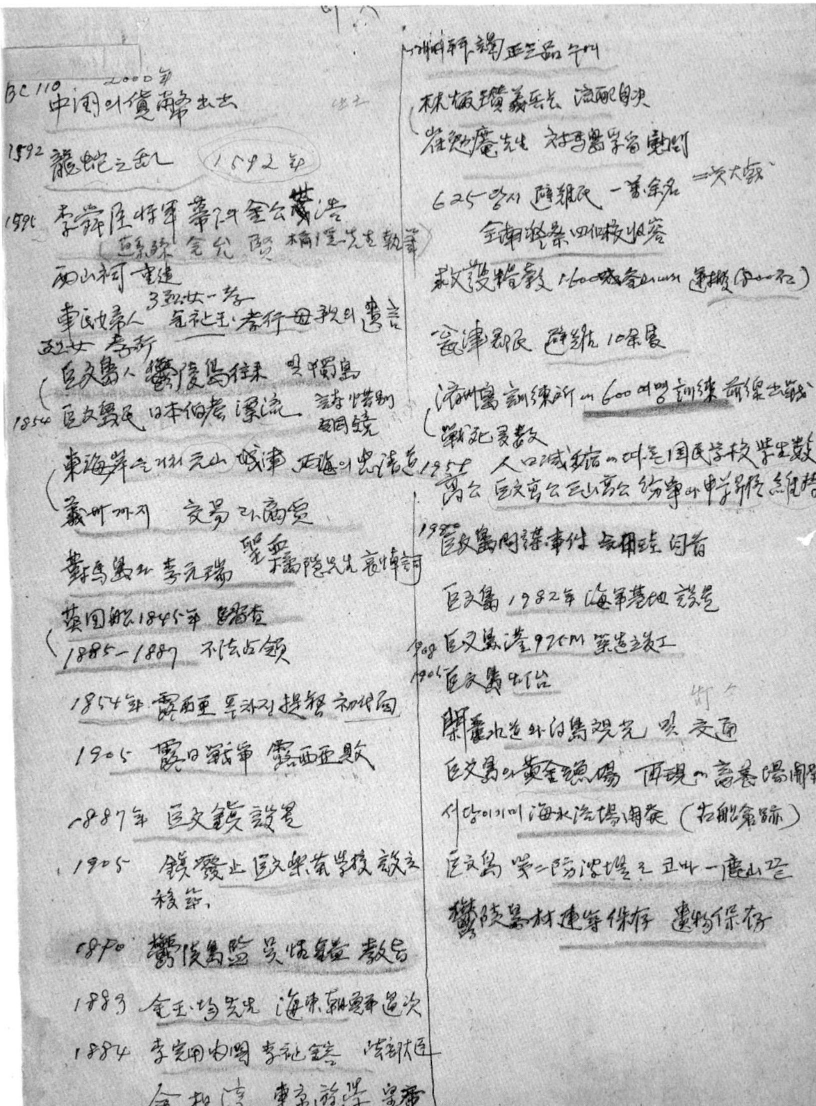
BC 110 2000年 中國의 貨幣出土

1592 龍蛇之亂 (1592年)

李舜臣將軍 幕下 金公 [illegible]

西山祠 重建

巨文島人 鬱陵島往來 [illegible]

1854 巨文島民 日本伯耆 漂流

東海岸을 거쳐 元山 城津 [illegible]

義州까지 交易 [illegible]

英國船 1845年 踏査

1885-1887 不法占領

1854年 露西亞 [illegible] 提督 [illegible]

1905 露日戰爭 露西亞敗

1887年 巨文鎭 設置

1905 鎭廢止 [illegible] 學校 設立 [illegible]

鬱陵島 [illegible]

1883 金玉均先生 [illegible]

1884 [illegible]

[illegible] 東京遊學 [illegible]

林秉瓚義兵長 流配自決

崔益鉉先生 [illegible]

6.25 당시 避難民 一萬余名 [illegible]

救護糧穀 [illegible]

[illegible] 10余名

[illegible] 訓練所 600여명 訓練 [illegible]

1958 人口 [illegible] 國民學校 學生數

[illegible]

巨文島 [illegible]

巨文島 1982年 海軍基地 設置

巨文島港 [illegible] 竣工

1906 巨文島 燈台

開發 [illegible] 白島觀光 및 交通

巨文島의 黃金漁場 再現에 [illegible] 開發

서당이끼미 海水浴場開發 ([illegible])

巨文島 第二防波堤 [illegible]

鬱陵島 [illegible] 保存 遺物保存

鬱陵島 觀光

1700-1800年代 安龍福(三島) 울릉도를 往來한 발자취를 더듬어 보고 그 業績 資料를 提示하고 姉妹結緣을 맺는다 이 歷史的인 우리나라 唯一한 資料로 一般에 알려서 啓蒙 시킨다

釜山-浦項, 간 카-페리호 가 [illegible]하여 大統領의 指示로 安全施設이 完成 되었다 東亞大學生 [illegible]한 慰靈祭를 施行한다

安全施設 接岸施設 着工하여 工事進行中이나 地方住民에 對한 [illegible]한 일이 없다 [illegible] 生産 몇 7만톤 정도의 生産이 있다,

文化財 癸丑年 建立

~~新設~~ 小利民 海水浴場 (110개 客室) 을 復元하여 觀光事業으로 觀光 休養地가 되어 觀光客을 誘致한다 政府에서 投資 하기 전에 小規模 民宿室 [illegible]을 만든다

商店 - 企業, 의 協助를 바란다, 里에서 財源 捻出

잊지 못할
150개 방파제 지부
6,7사건
고용건, 조교장 유영희

巨文島史 槪況

中國貨幣發見 五銖錢이 BC110年(2090年) 中國연나라 때의 貨幣가 出土되였다

1592
龍蛇之亂 李忠武公은 日人들이 [illegible]을 무찌르고 적은 도망쳤다 兵1460명을 [illegible] 시켰다

壬辰1592年 副將 金公世浩는 高麗의 奉直郎인 之의 後孫이다
乙未(1595)年 敗戰으로 인하여 戰艦은 모두 沈沒 되여 작은 배 큰배를 갖추기가 어려웠다 公은 통곡을 하고 도끼를 가지고 산속에 드러가 주야로 배만든 일을 감독한 결과 한달이 못되여 戰艦八隻을 제조하여 李舜臣을 따라 鳴梁津에 이르러 크게 승전 하였으니 公이 벤 적의 수효도 수십구에 이르렀다 公은 不幸하게도 적탄에 마저죽었다 李舜臣은 公의 忠義에 感動되여 그날 조정에 狀啓를 올리니 왕명은 兵書에 내려 그의 위대한 전공과 장한 충절은 후세에 傳하여 없어지지 않을 것이다

西山祠에 金陽祿(晩悔). 金祉玉(濱坡), 金昇泰(可濩) 金相淳(又濩) 先生을 奉行
母 車氏婦人의 烈行 子 晩悔先生의 孝行 晩悔先生은 童蒙敎官의 敎官가 追贈 되었다 門下에 많은 碩士가 輩出 되었다
~~可濩~~ 濱坡 金祉玉은 많은 貧窮한 사람들을 救濟하였고 可濩 金東奎도 ~~母~~親의 遺言에 따라 島民을 救恤 하였다 洞民들의 堅立 碑가 있다

巨文島人은 鬱陵島를 往來 하고 미역. 生菜. 향목. 材 등을 運搬 하고 忠清道 方面에서 交易 하였다 멀리 城津까지 航海를 하고 西海 義州까지 航海 하면서 商賣를 했다

關東을 航海中 暴風을 만나 日本 佐賀에 漂流를 했다
對馬島에 避難하는 동안 島民들과 마찰이 자졌다 李元瑞 翁은 너이놈들은 野蠻人族이라고 호령을하고 喝怒하였다.

◎ 英国商船이 巨文島를 측량하고 처음으로 東洋의 海域을 踏查하고 船長名을 붙혀서 보-도 한밀톤 이라고 命名 하였다

◎ 英国艦隊는 1885年 4月에 巨文島를 不法占領하고 1887年에 撤收하였다 當時 巨文島九州 長崎간 海底電線이 架設되었고 巨文島全体로 要塞化 하였다 各国의 列強 들이 接踵하여 嘉賞하고 巨文島는 東洋第一의 要地島라고 하였다

◎ 1854年 露西亜 파라도호 艦長 포자친 提督은 目的地인 巨文島에 到着 하였다 上陸하여 案內人은 村路을 案內해서 散策을 즐겼다 後面에 이르러 鳥類도 잡고 이어. 이개미 灣에 이르러 마을로 도라왔다 下山이 되자 두 老人들이 자리를 권했다 筆談으로 談話 가 오고갔다

◎ 1905年에 日露戰争으로 露国은 敗하고 廢艦一隻은 巨文灣에 [illegible]引 해오기도 했다.

◎ 巨文燈臺設置 列強들이 注視하고 있는 巨文島는 國防上의 要害地로 巨文燈臺가 建築되어 9年동안 防衛에 協力하지 않았다. 燈은 이섬으로 必要함을 느끼지 않자 燈建物을 學校施設로 變更하게되였다 巨文果英學校에 移管되였다

◎ 1890年 鬱陵島監 巨文島西島里 呉性鎰 島監으로 敎旨가 下達되었다

◦1883年 金玉均先生은 日本으로 航行中 巨文島에 寄港하여 有志에
書翰을 傳達케 했으나 連絡이 안되었다 海東朝鮮道次 瑞陽三日
後하고 出發했다 巨文島住民의 連絡을 기다리다가 日本으로 떠난것이다

◦李完用政府 法部大臣 李祉鎔 避難 橘隱堂을 參拜하고 誠意金
三百원을 贊助하였다고 한다

◦金相淳先生은 東京에 遊學하여 学業을 마치고 歸國하여 高宗皇帝
을 拜謁하고 正三品의 官職을 下賜하였다 黃海道陸軍敎官 全州、
警視를 歷任하였다 1910年 合邦이 되자 官職을 辭하고 鄕里에다
政府의 許可를 얻어 巨文鎭建物을 長村에 移築하고 隣近島嶼
敎育에 獻身하여 人材養成에는 秀材를 많이 輩出하였다 우리나라
二代海軍參謀總長 朴沃圭氏가 였다

◦林炳瓚義兵長은 晩年은 巨文島에 流配中 自決하였다 崔益鉉先生
은 対馬島에 学留中에는 慰問을 했다

◦6.25 當時 巨文島에 各處에서 避難民이 왔었다 全南水産이 四校
学校에 收容하였고 1萬余名의 避難民이 集結하였다 面에서는
釜山에 있는 政府와 連絡하여 食糧 800石을 補助받았다
康津郡民이 [illegible]個 10余隻으로 避難하여왔다

◦巨文島에서는 600余名을 濟州訓練所에 入所시켰다 学徒兵一期
生이 入隊하였다 学徒兵의 犧牲戰死者가 많았다.

◦1950 高公中学校 [illegible]
◦1980年 巨文島間諜事件으로 二名을 射殺하고 歸順하였다
(김 음 주) TV 시운 인간 방영
◦1982年 巨文島 海軍基地가 設置되였다

◎ 巨文島港 築造 濟州-釜山간 카-페리호가 巨文島海域에서 遭難하여 東亞大學校 학생이 1[illegible]명 死亡(이溺死)하였다 大統領은 巨文島에 待避港 築造를 指示하여 安全港으로 一部가 竣工되고 待避港으로 面貌가 갖추어지고 內外船舶의 出入이 많다 ◎ 巨文島灯台 1905年 建立 外國에 航路에 安全信號를 보내고 있다.

白島觀光

◎ 閑麗水道와 濟州와 連結되는 白島觀光의 名所가 있다.

◎ 巨文島는 黃金漁場터로 有名하다 그러나 近者 不法漁業으로 魚族의 涸渴로 漁民들의 실음이 많다. 將次 養殖漁業으로 ~~하여~~ ~~活潑~~ 轉換이 活潑하다

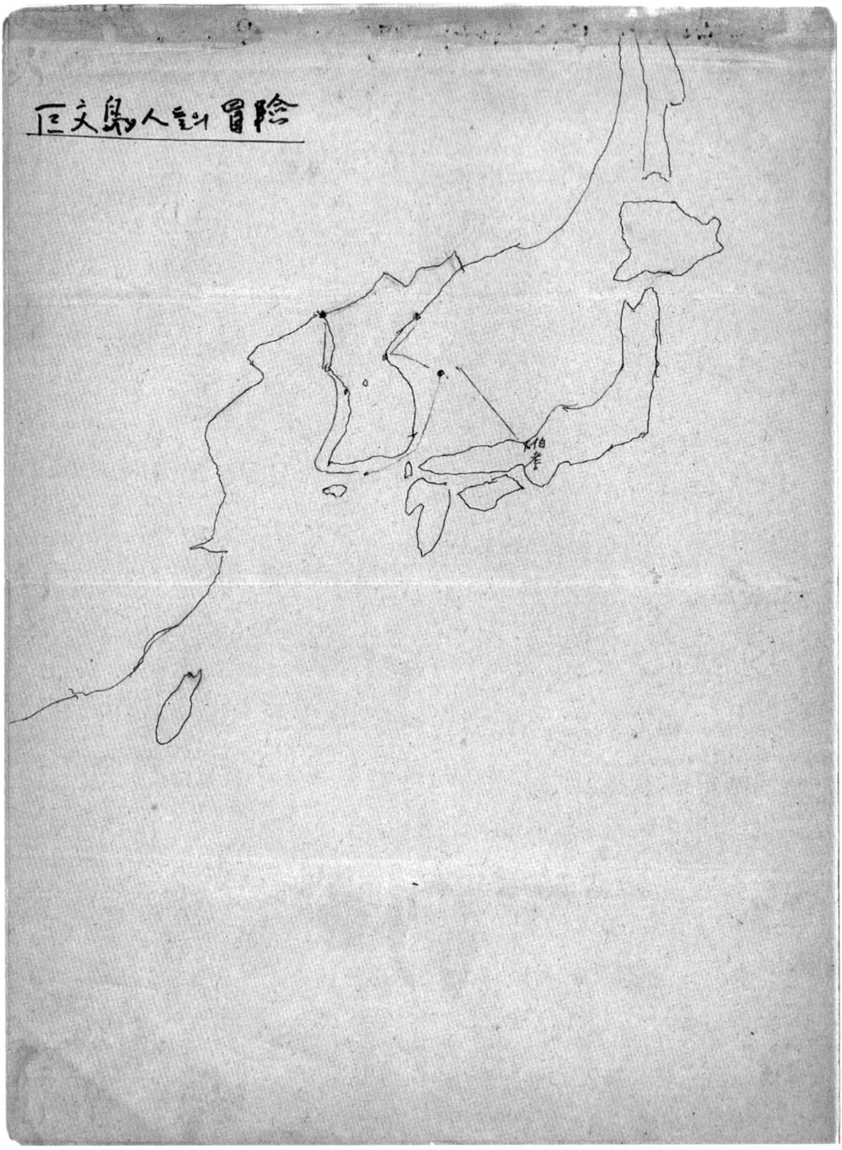
巨文島人들의 冒險
伯耆

巨文灣漁場터를 復元하라

露西亞艦隊 水兵들이 上陸하여 섬一帶를 散策 途中 ... 두곳이 있다

巨文灣(三湖)는 東洋의 最要之島라고 했음 世界列强들의 角逐場 〈灣版 이기미 이애〉 이었다 英國人 들은 (Bothamilton) 이라 命名 하기도 했다. 1845年

1885, 1887 占領
鎭 設置
1845 廢止

우리나라는 1982년 海軍基地를 設置하였다

그러나 많은 船舶의 入港 頻繁한 入出港을 廢棄物 漂流 등 灣內가 甚한 汚染으로 變貌하고 있다

過去의 멸치漁場은 그 形態를 차자볼수가 없다 日政때 島民의 唯一한 企業으로 年 4.5萬원의 生産으로 陸地의 部落하고도 바꿀수 없다는 島民들의 生活의 根幹이 되고있었다

西島의 이기미-이애 灣을 고바위끝-鹿山끝을 잇는 線을 防波堤가 築造되다면 훌륭한 良港이오 앞바다의 各種魚族 을 손쉽게 잡을수있으며 海岸을 埋立整理 한다면 養殖漁場 所得과 広範囲한 農地面積 을 確保할수있으 그價値가 클것으로 海水浴場등 觀光開発 에도 適切할것으로 본다

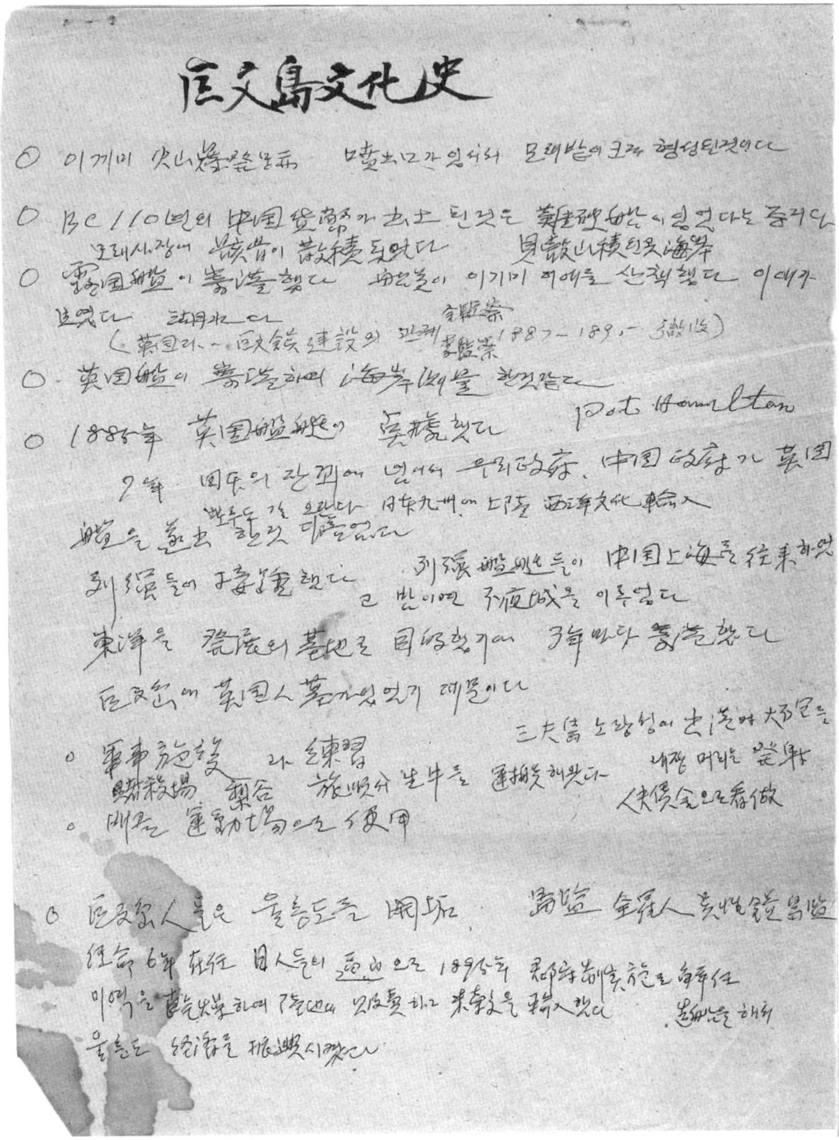

巨文島文化史

○ 이끼미 火山爆発은 [illegible] 出土되고가 있어서 모래밭의 크게 형성된것이다

○ BC 110년의 中国貨幣가 出土 된것은 [illegible] 모래사장에 貝殼이 散積되었다 貝殼山積된 [illegible]

○ 露国艦隊 이 寄港했다 [illegible] 이끼미 해애를 산책했다 이대가 [illegible]
(英国과 ～ 巨文鎮 建設의 관계 金鍾宗 1887 - 1891 ～ [illegible])

○ 英国艦이 寄港하여 海岸測量 한것같다

○ 1885年 英国艦隊가 占據했다 Port Hamilton
2年 国際의 관계에 넘어서 우리政府, 中国政府가 英国艦을 撤去 할것 [illegible] 日本九州에 [illegible] 西洋文化 輸入
列強들이 接触했다 列強艦船들이 中国上海을 往来하였
그 반이에 [illegible]을 이루었다
東洋을 [illegible]의 基地로 目的했기에 3年만다 寄港했다
巨文島에 英国人墓가 있었기 때문이다

○ 軍事施設 과 練習 三夫島 노랑섬에 [illegible]
[illegible]場 [illegible] 旅順에 [illegible] 運搬해왔다 내장 머리는 [illegible]
○ 배로 運動場으로 使用 人夫賃金으로 [illegible]

○ 巨文島人들은 울릉도를 開拓 島監 金[illegible] [illegible]島監
任命 6年 在任 日人들의 [illegible]으로 1895年 [illegible]
미역을 [illegible] 하여 [illegible] 하고 [illegible]했다 [illegible]을 해서
울릉도 経済를 振興시켰다

(李璧西)

- 鳥根縣에 漂流 日人들의 温情으로 3年 後 歸還할수 있었다
孟德에 金氏墓가 있다

- 黃金漁場 고등어 갈치 멸치 전고기 등 生鮮이 好況을 이루었다
(紅灯漁火)

- 巨文島의 漁場 고등어船 300여隻이 集結했다 巨文里-德村간을 나룻배 없이 건너갈 정도로 漁船이 集結됐다 (巨文里 日人戶數 20여호)

- 灣內의 멸치잡이 112隻 漁船는 멸치 生産高 每年 1만포 7천여포를 收穫했다 생멸치 000동을 生産했다 (이. 2億)

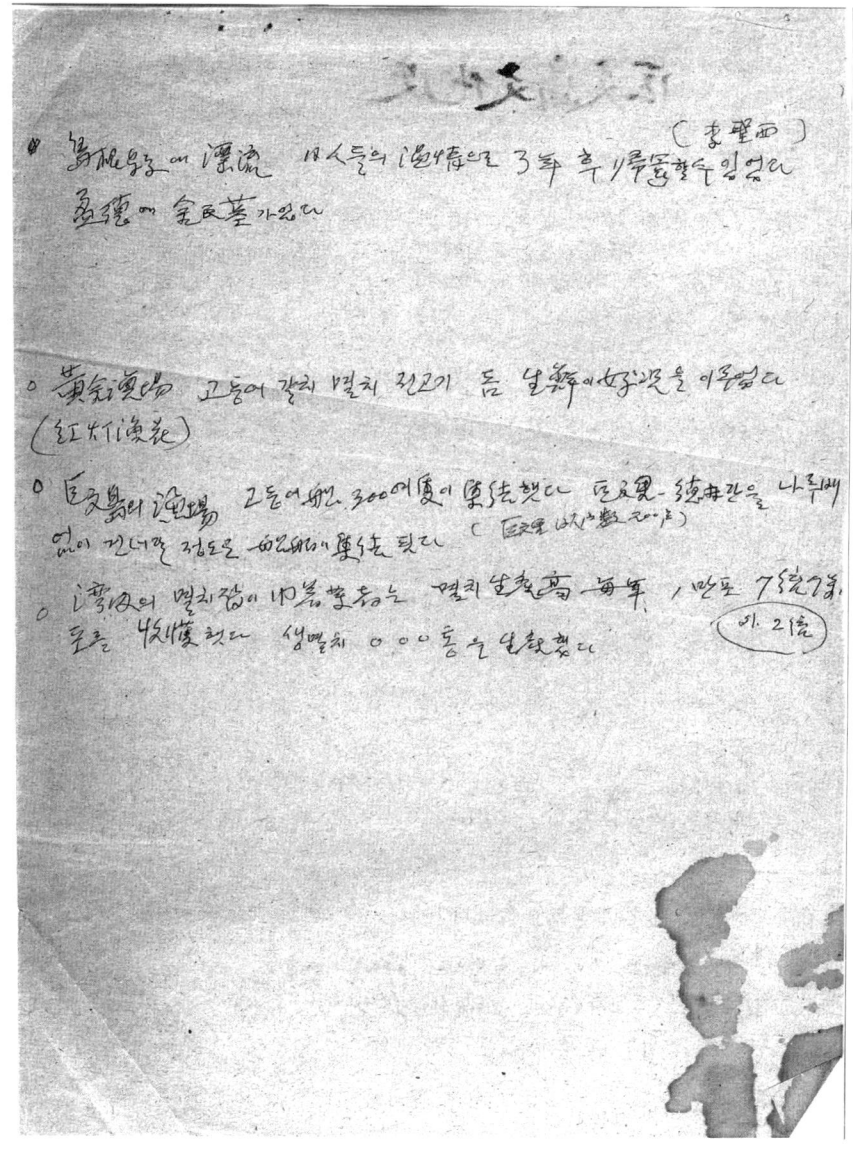

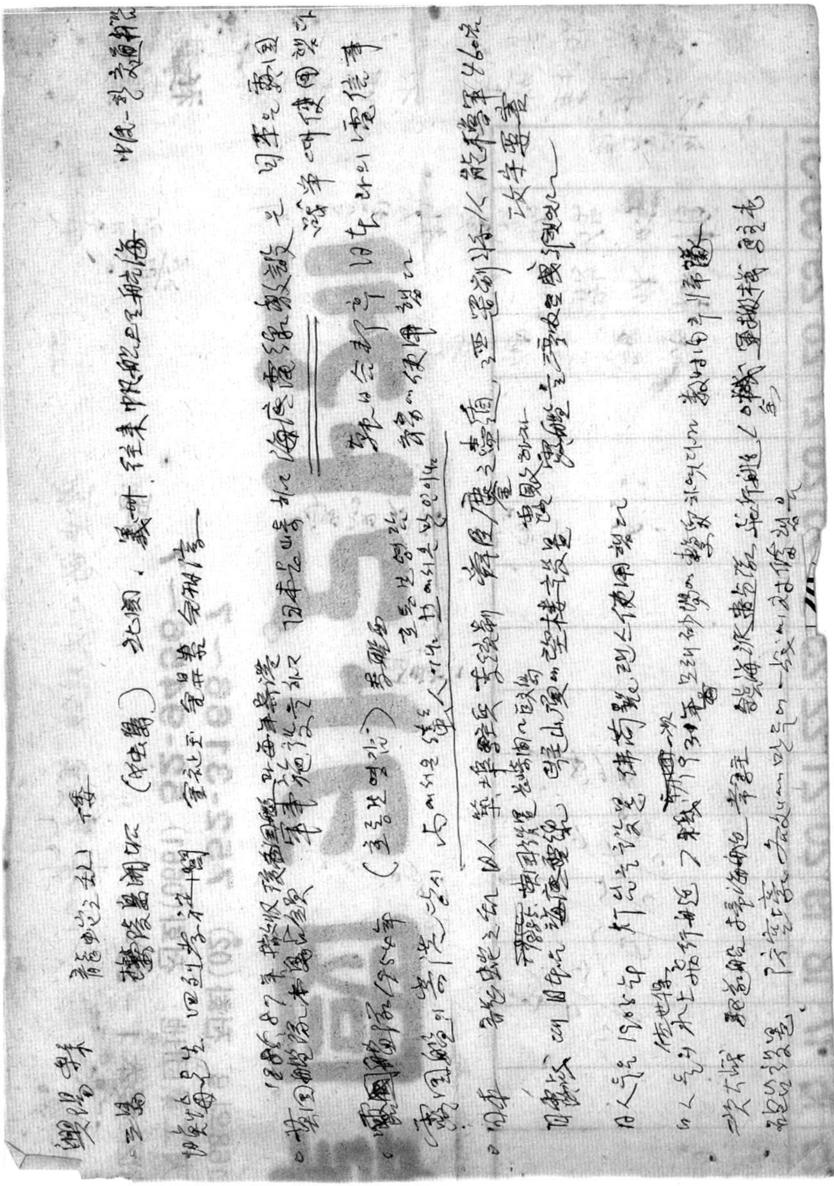

⑨

稧會所場의 廣場 6.25에 甕津郡民이 避難했다 募兵을 할 당시
甕津出身이 募兵官 當時에 募兵을 하고 濟州島 訓練所로 向

6.25 學校에 鎭海 空軍派遣隊 駐屯 連絡

西歸 長林 小山 吳正 烏取縣(長林) (105번지 居住 吳塔紹學) 米內藤
日人 퇴신 하치미 우쓰노미야

돌냉이 용물통 노을이 질때의 光景이 좋았다 알뜨르 바위?

名島 燈台山 鎭監督 金賢喜 燈台建立 당시감독 사진
(慶州出身 燈台員과) 金伯炫 徐在淵 翁 同名 日本行
警察이 했다.

① (安全港 ― 2,000개 築患)
新龜尾灣 (코바산 鹿山)

② 자근이개미 뒨전물 서당샘 강변 옛집터 있슴
앞바다 선창터
耳複[illegible] 좋은 필적 선창축조 필적 筆蹟 서당터 (주춧돌)

③ 큰이기미 (新龜尾) 五수전 中国貨幣 384点 光州博物館 貝塚 火山噴出地

④ 鹿山灯台 鹿山노리터 해안매립 숨은구덕 鹿山灯台 直路 (海界埋立 호안)

⑤ 큰이끼미 미애 연기미 코바 앞안을 연결하여 아름다운 항구가 될것이다

⑥ 梨合沙広場 1932年 日本九州 佐世保 飛行機 가 機 墜落見学者
英國商船 1845年 1000 to Hamilton

⑦ 1885 英国艦 10余隻 占據当時 賭蓄場 各国艦泉港 運動場

⑧ 갈새방 北방이기에 冬節에 温暖한 곳 술집이 있고 各漁船이 東风이면 出港을 기다리던 곳
울릉도에 出帆 에 바람을 맞는 장소 술집이 있고 漁船이 모이고 墜落했던 곳

1954年

巨文島略史

中国貨幣五銖錢 130110 (2080) 出土 되였음은 中國古代 연나라 때의 것으로 巨文島와 交流 한것으로 보인다

龍蛇之亂 李忠武公은 日人들의 築城駐兵을 무찌르고 兵丁 860名을 참살했고 적은 도망쳤다.

金世浩 兵曹參判 碧波津에서 戰死 李舜臣將軍은 公의 戰功을 朝廷에 狀啓를 올리고 王은 그의 위대한 전공과 장한 충절은 가히 후세에 전하여 없어지지 않을것이다.

西山祠 金陽稷先生 金祉玉先生 金顯泰先生 金相淳先生을 奉行

四毅孝旌閣 車氏婦人의 烈行 子 晩悔先生은 孝行이 至極했다

1890년 童蒙敎官의 敎旨가 追贈됨

巨文島民은 東海와 西海에 進出하고 鬱陵島生產物 미역 生藥 香木 등을 忠淸道에서 糧穀을 運搬하여 交易하였다.

關東方面을 航行하다가 日本佐賀에 漂流하였다 日人들과 서로 學文으로 交際하고 三年後 歸國하게되자 日人들은 惜別의 情을 잊지못했다

英国艦隊는 1885年 1887 巨文島를 占領하고 海底電線을 日本長崎에 敷設하였다

各国列强들이 接觸하여 寄港하였었다

露西亞 파라다호 艦長은 부쩌진 提督은 目的地 巨文島 Port Hamilton 을 항해하고 海岸을 돌아보았다 1854年 4月4日에 到着하였다 紳士들은 대하 散策을 하였다 두 주일보냈다 兵士들은 두 老人과 筆談을 나누었다

1905年 露日戰爭으로 日本이 露国艦艦을 巨文島港으로 포획하였다

巨文鎭 設置 1887年 英国海軍이 撤收하자 巨文鎭을 設置했다

1890 鬱陵島監 吳性鎰 政府에서 島監敎旨가 내렸다

- 1883年 金玉均先生은 日本으로 航行中 巨文島에 寄港하여 有志에게 書狀을 보냈으나 連絡이 되지못했다.
  海東朝鮮 端午三日後 金玉均 呈次
- 李完用內閣 法務大臣 李址鎔 避難 橘隱堂을 參拜하고 誠義金參百원을 贊助하였다
- 金相淳 先生은 東京에 遊學하여 歸國하자 高宗皇帝를 拜謁하여 正三品을 下賜하였다. 黃海道 陸軍教官 金州 [illegible]을 歷任하였다 1905年 政府의 허가를 얻어 巨文鎮 建物을 移築하여 巨文樂英學校를 設立하여 島嶼民들의 子弟教育에 힘쓰고 人材를 많이 輩出하여 우리나라 二代海軍參謀總長 朴沃圭氏가 있다
- 林炳瓚義兵長 流配中에 自決하였다. 崔益鉉 先生 對馬島에 停監中 島民들이 慰問하였다
- 黃海道 甕津郡民 이 六二五에 避難 해왔다 避難民 中에서 青年 六百余名은 濟州島訓練所에 入所하였다
- 1980년 金開達 間諜事件 間諜 二名을 射殺하고 自首하여 歸順함
- 1982年 巨文島海軍基地 設置
- 巨文島港은 外國艦船들이 出入하고 東洋要塞之島라고 일커졌음 1980年에 安全港으로 築造되자 國內外 船舶이 待避港으로 利用을 받고 있음
- 巨文島觀光名所 白島와 巨文島灯台 가 있음
- 巨文島漁場은 魚族이 涸渇되고 있어 養殖場漁業이 活發함

[illegible]

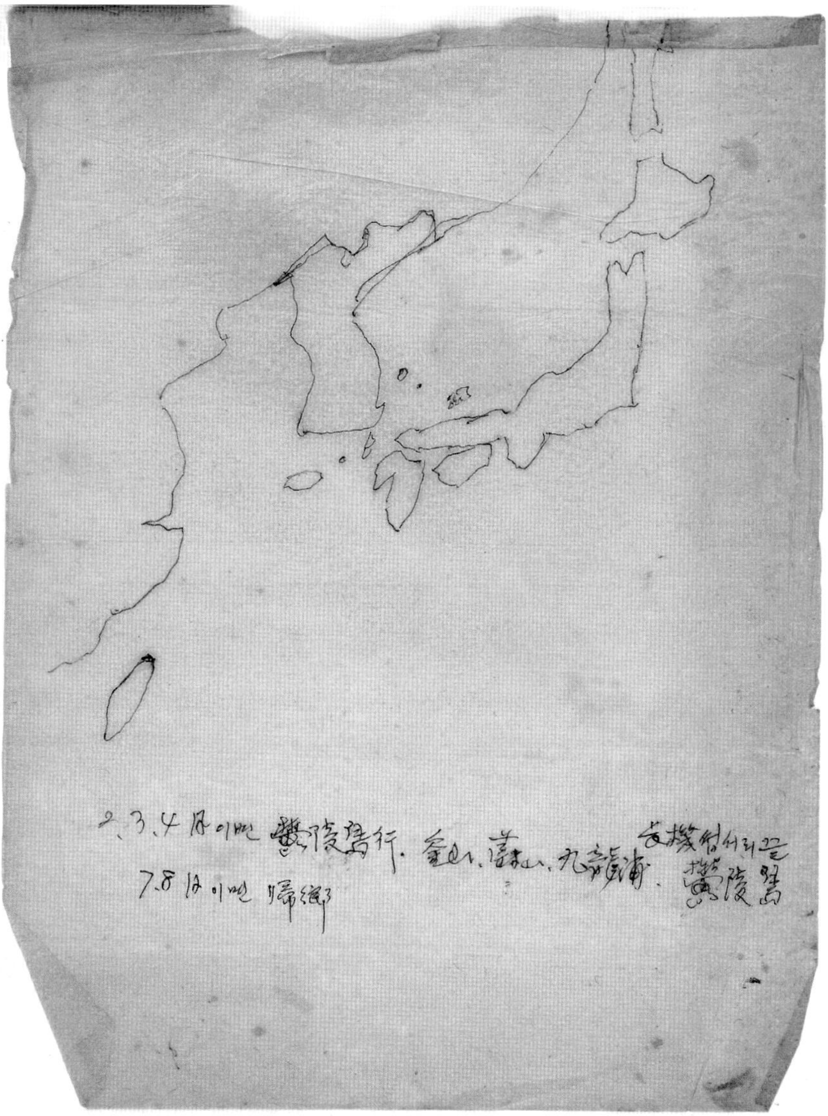
2.3.4月이면 鬱陵島行. 釜山、蔚山、九龍浦. 鬱陵島
7.8月이면 歸鄕

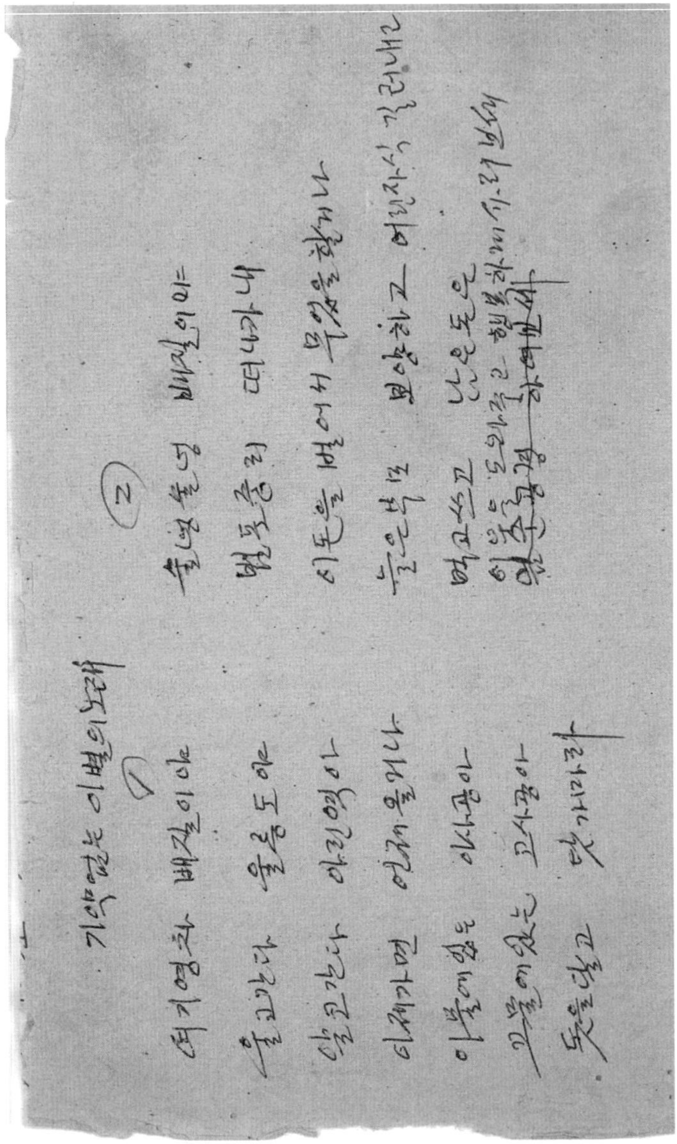

기약없는 이별의 노래

①

에기영차 배질이야
울고간다 울릉도야
살고간다 아리엑아
이제가면 언제올거나
이물에 있는 이사공아
고물에 있는 고사공아
돛을 달고 닻 가마라

②

울렁울렁 배질이야
별도줄리 떠나가네
이돈을 벌어서 무엇을 할거나
늙은부모 보양하고 어린자식 길러내고
먹고쓰고 남은돈은
이웃을 도와주고 행복하게 사려보세
~~일손공경 하여보세~~

巨文島史의 槪要

中國貨幣 五銖錢 BC 110(2030) 이 出土되었음은 中國古代와 交流가 있었던것으로 보아진다

o 龍蛇之亂 李舜臣將軍은 日人들이 古島의 築城駐兵을 무제로 적은 도방을 했다 1548-1586

o 金世浩兵曹參 碧波津에서 戰死 李舜臣將軍은 公의 戰功을 朝廷에 狀啓하고 王은 兵曹에 命하여 그의 위대한 전공과 장한 충절은 가히 후세에 전하여 없어지지 않을것이다

o 西山祠 金陽祿先生 金祉玉先生 金鼎泰先生 金相淳先生 奉行

o 四烈孝旌閭 車氏婦人의 烈行 子 晩悔先生은 孝行이 至極하였다
1870年 童蒙教官의 教旨가 追贈되었다

● 巨文島民은 東海와 西海에 進出하고 鬱陵島生産物인 미역 生薬 香木 등을 忠清道에서 糧穀을 運搬하고 交易하였다

o 關東을 航行하다가 日本伯者에 漂流하였다 日本에서 서로 學文으로 交際하였다
三年後 歸国하게되자 日人들은 惜別의 情을 잊지못했다

o 英国艦隊는 1885-1887 巨文島를 占領하고 海底電線을 日本長崎에 敷設했다
各国의 列强들도 속속 寄港하여 왔다

o 露西亞艦隊는 1854年 巨文島에 寄港하였다 (파타디.로 함장 백작진 제독) 滯留 散策을 하고 海岸을 돌아보았다
1905년 日露戰爭은 露國이 敗하고 艦隊艦艇이 巨文島灣에 集結되었다

o 英国艦隊가 撤收하고 政府에서는 巨文鎭을 設置하였다
巨文鎭

o 1890年 吳性鎰은 鬱陵島監 教旨가 授與되었다

o 1883年 金玉均先生은 日本으로 航行中 巨文島에 寄港하여 有志앞으로 書信을 냈으나 連絡이 안되었다 海東朝鮮 甲辰端午三日後 金玉均 謹次

o 李完用 内閣 李址鎔 法部大臣은 橘隱堂을 拜參拜하고 義捐金五百원을

o 金相淳先生은 東京에 留學하여 歸国하자 高宗皇帝를 拜謁하고 正三品을 下賜하였다 黃海道陸軍教官 金州警視를 歷任했다
1905年 政府의 許可를 얻어 巨文鎭을 移築하여 巨文 樂英學校를 設立하여

島民 多數를 敎育 시켰다 人材를 많이 輩出하여 二代參謀總長 朴沃圭氏가 있다

○ 巨文島의 海上交通 1910 韓日合邦後 昌平丸 鏡城丸 釜山丸 (濟州) 巨文島 航路에 就航 西日本汽船會社 등 甲宗海運 濟州航路를 廢業中이나 島民들은 繼續 運航해줄것을 要望하고 있음

○ 6.25 때 全南[illegible]의 濟州五位 國民學校에 收容되었음

○ 黃海道 甕津郡民이 避難해왔다 避難民 對象者 之 募兵 600余名이 濟州島訓練所로 入所했다

○ 金在珪 間諜事件 간첩 二名을 射殺하고 自首 歸順 하였다

○ 1982 년 巨文島海軍基地 設置

○ 巨文島東南엔 防波堤 巨文港은 外國艦들이 出入을하고 東洋最要之島 라고 불리웠다 1887年 政府에서 安全港으로 築造하게되자 國內外 漁船들의 待避港으로 脚光을 받고있음

○ 觀光名所 白島 巨文島燈台 近來로 觀光客이 增加하고있음

○ 巨文島漁場이 魚族이 涸渴되고있어 養殖場 漁場으로 轉業하고있음

林炳瓚 義兵長 流配中自決 崔益鉉先生이 對馬島에 押送中에 遺詩[illegible]

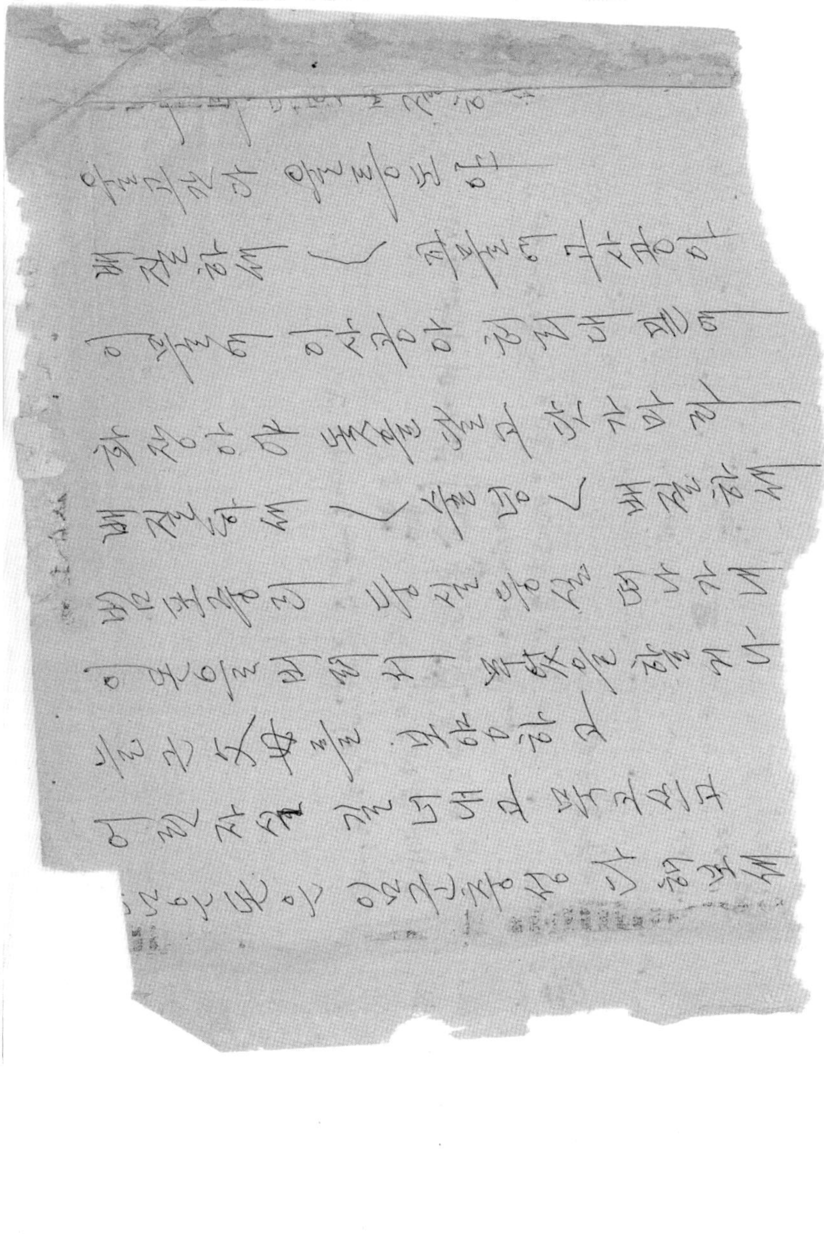

1. ○ 中国貨幣 ○ 国立博物館

2. 火山噴出石 写真

3. ○ 貝塚 写真

4. ○ 鬱陵島 漁村 ~~建築~~ 家屋 写真

5. ○ 苧지 写真 石겉구조

現地人

6. 울릉도 居住 ... [illegible]

7. ○ 巨文島人 鬱陵島監 任命状 (光武 27年 (1890) 敎旨)

竹、草木 [illegible]

竹島에서 可知魚 捕獲기록

全州 農業用에 使用

8. 咸鏡道 城津 來住

9. 미역 販賣 忠淸道 漢江、松都

義州 來往 商業

10. 對馬島人 [illegible] 朝鮮 [illegible]

11. 聯邦 지부랄 竹島 海峽

○ 1 西山祠 写真

閔泳綺 追贈 [illegible] 晩悔先生、烈女孝子

[illegible] 大夫 記錄 筆蹟 写真

朝奉

2 浪坡 金[illegible]王、先妣의 遺言

啓蒙教官 [illegible]

孝子 仁川府使 [illegible] 金東奎

金相淳 金性奎

○ 東京明治大學 卒業、正三品

教育事業에 盡力함

3. 金世浩 李忠武公 [illegible] (1592年)

○ 全羅道 兵營에서 兵營 判決

4. 金玉均 1882年 日本航海中寄港

高宗、閔妃 記錄

金玉均 上海

5. 李完用 內閣 [illegible] 洪鍾宇 日本渡航

中 日氣不順으로 [illegible]村 上陸

6. (1881) 巨文島 金用珪 [illegible]

[illegible] 上陸場所

7. 英國 巨文島占領

1885~1887

佛蘭西、独逸、伊太利、和蘭

日清戰爭 ~~日本~~

8. 露西亜 1854年 4月4日

1904年 4月4日
日(米)露戰爭 鬱陵島
巨文島 望樓
海底電線 東海
濟州 事變 独島 編入

9. 巨文鎭 1887年

1945年
日 米 戰爭 解放

10. 興陽郡 道化面 長村 移住者、

濟州 領事前 ... 建準 濟州船
先生 在任
廣州 ... 叛乱

11. 巨文島 海軍基地 1882年

○ 嶺南·湖南 交流

林炳燦, 自決

6.25 외 ... 防空... 濟州島 ... 入隊

避難民 / 各 學校 ... 600餘名

崔勉菴先生 對馬島 自決

政府의 釜山 遷都

米糧 ... 800石

巨文島 漁業組合 ...

農漁民 生活

巨文島 漁況

巨文島 敎育問題

巨文島 防波堤 基地施設

巨文島 觀光事業 繼續 現場 ... 1975年 完工 接岸施設 ...

울릉도로 배질하세

울고간다 울릉도야 알고간다 아리랑아

배질하세 ~ 고물에 고사공아

이물에 이사공아 허리대 밑에 화장아야

돛줄달고 닻가마라

배질 하세 ~ 술렁 ~ 배질하세

범포 죽리 떠나가네

이돈을 벌어서 무엇을 할거나

늙은 부모를 보양하세

어린 자식 길러내서 묵고쓰고

남은 돈은 ~~이웃 구제 다함세~~
~~거덜구리 주고 도와보세~~
이웃들과 ~~도와~~ 둥굴 ~ 사랑보세
이웃들과 오순 도순 사라보세

作曲 조용필
(허공속에 묻힌 그 약속)

收容文

建 議 書

最高會議 議長閣下 國事多忙 하신 此際에 尊體錦安 하심을 仰祝 하는바 입니다

報道에 依하면 鬱陵島漁民 들이 獨島에 出漁할 당시 操業中의 船團에 國籍不明의 飛行機가 機銃射擊을 加하여 왔다는 事實은 같은 人類로서 天人共怒할 괘씸히 참을수없는 蠻行으로 野蠻行爲를 全國民과 더부러 糾彈하여 마지않습니다

1945年 8.15 에 敗亡을 告하는 日本이 우리나라 國民과 領土가 解放이 되였음에도 執拗하게 自己네 領土인냥 旧習을 벗어지 못하고 있음을 痛憤 하는바입니다

七·八月이 되면 鬱陵島의 生産物을 積載하고 歸郷을 하고 忠清道 各地에서 糧穀을 交換하고 購買를 하여 搗精糧穀을 倉庫에 保管하고 二·三月 西風이 불어오면 出航할 날을 기다려 家族들과 期約없는 離別을 하고 떠나는 것입니다

鬱陵島住民 들은 나온들이 歸還을 기다려 미역採取를 기다려야 하고 到着할 날을 고대하고 있다합니다 釜山을 寄港하면 移住하는 希望者가 同乘하게 된다고 합니다

金興金 兄弟는 現在 120歲 無事故로 鬱陵島를 往來한 바다에 익숙한 분으로 이렇게 傳해주고 있습니다

獨島에 가서 미역을 따고 棲息하고있는 可支魚를 捕獲하면 기름을 내여 農家의 벼멸구 약으로 使用하고 陸地에서 處分된다고 합니다

巨文島(興陽三島) 鬱陵島의 歷史는 1.800년代가 全盛期라고 보고있습니다 木材는 造船材로 建物用으로 伐採를 하는데 나무밑 부분을 半徑쯤 독기로 찍고 위 꼭대기에 줄을매어 잡아당기

면 半반으로 갈리지면 이것을 다듬어 造船用材로 쓰이게 된다고 합니다
日本人들은 들어오면 發達된 톱을 이용하여 키목 향목을 節次를
無視하고 伐木을 해간다고 합니다

独島는 分明히 鬱陵島民의 生活圈인대도 不當하게 領土權을 主張하고 島根縣 公示云云 한것은 言語道斷인 것입니다
鬱陵島 独島는 東海上의 要衝地입니다. 國防力을 強化해주시고 國土保全에 萬全을 다해주시기를 바라는 바입니다

閣下의 建勝을 祈願하는 바입니다

1962년 5月 日

全羅南道 麗川郡 三山面 西島里

代表 金 板 順

1963年 義堂 李栢洛 謹吟

碑裏面 朴議長閣下記功碑建立旨文

東海의 孤島인 鬱陵島는 大韓民國의 領土 이면서도 歷代의 爲政者로
부터 버림받은 孤兒가 되어 二萬島民은 檀君의 한 피를 받은 倍達의 겨레
이면서도 本土의 國民으로 부터 忘却된지 오래였고 現代文明과 隔離된 生活
을 營爲한지 얼마나 歲月이 흘렀던가 本島가 開拓以來 全島民의 宿願인
港灣施設과 水力發電所 建設 定期交通船 就港 水産物加工處理工場
建設을 爲하여 中央政府要路에 數十次 陳情建議 하였으나 기의 默殺
當하고 失意속에 살아오던 中 하늘이 無心치 않아 우리 二萬島民에게는
光明 希望의 새날이 찾아 왔으니 이는 우리 民族을 累卵의 危機에서 救出
하신 우리民族의 領導者 朴正熙議長의 五一六 軍事革命이 아니오
去年 10月10日 國家元首이신 朴正熙議長의 本島來訪은 鬱陵島開
闢以來 最初의 慶事가 아닙니까 當時 本島를 巡視하신 議長閣下
의 指示로 鬱陵島綜合開發計劃이 成案되고 지난 三月 第十七次 閣議
에서 同案이 議決 되어 이미 交通船은 就役 하게되고 島內一週道路 水力
發電所는 着工中이며 餘他開發計劃도 着着進行 中이니 이얼마나
기쁜 눈물겨운 일입니까 우리가 지금 朴正熙議長 巡視記念碑를
建立 코저 하는것은 議長閣下께옵서 우리 二萬島民에게 베푼 恩惠를
萬分之一이라도 報答할가 하는 것으로 우리二萬島民의 작은 情感으로된
이記念碑가 우리島民子孫萬代의 마음의 등불이 될 것이오 鬱陵島의
歷史的 記念物이 될것이다

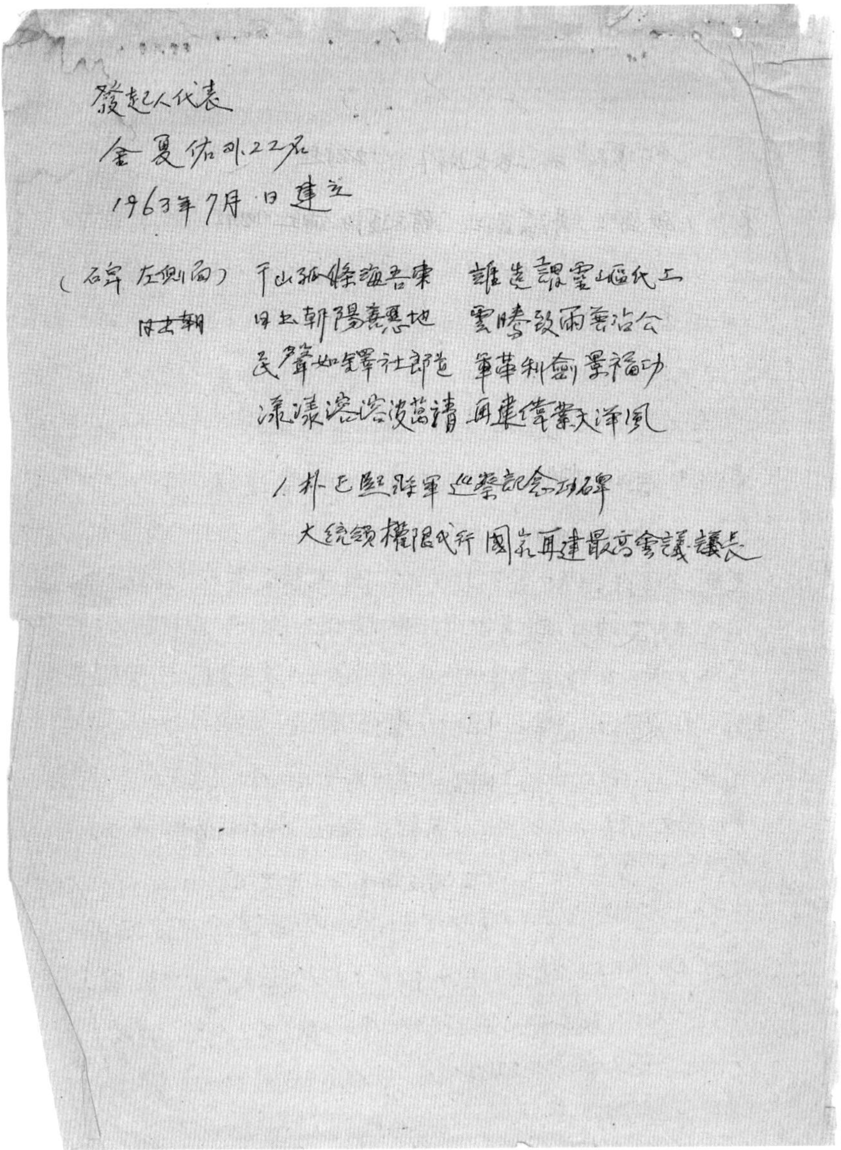

發起人代表
金夏佑 외 22名
1963年7月 日 建立

(碑 左側面) 于山孤島海吾東 誰造謂靈岫代工
~~日出朝~~ 日出朝陽喜悉地 雲騰致雨善治公
民多聳如金澤社郎道 軍革制劍[illegible]福功
滾滾澄澄波蕩靖 再建偉業大洋風

1. 朴正熙將軍 巡察記念功碑
大統領權限代行 國家再建最高會議 議長

巨文島部落 및

鬱陵島材木로 建築된 存家

92 6 12

92 6 13

92 6 12

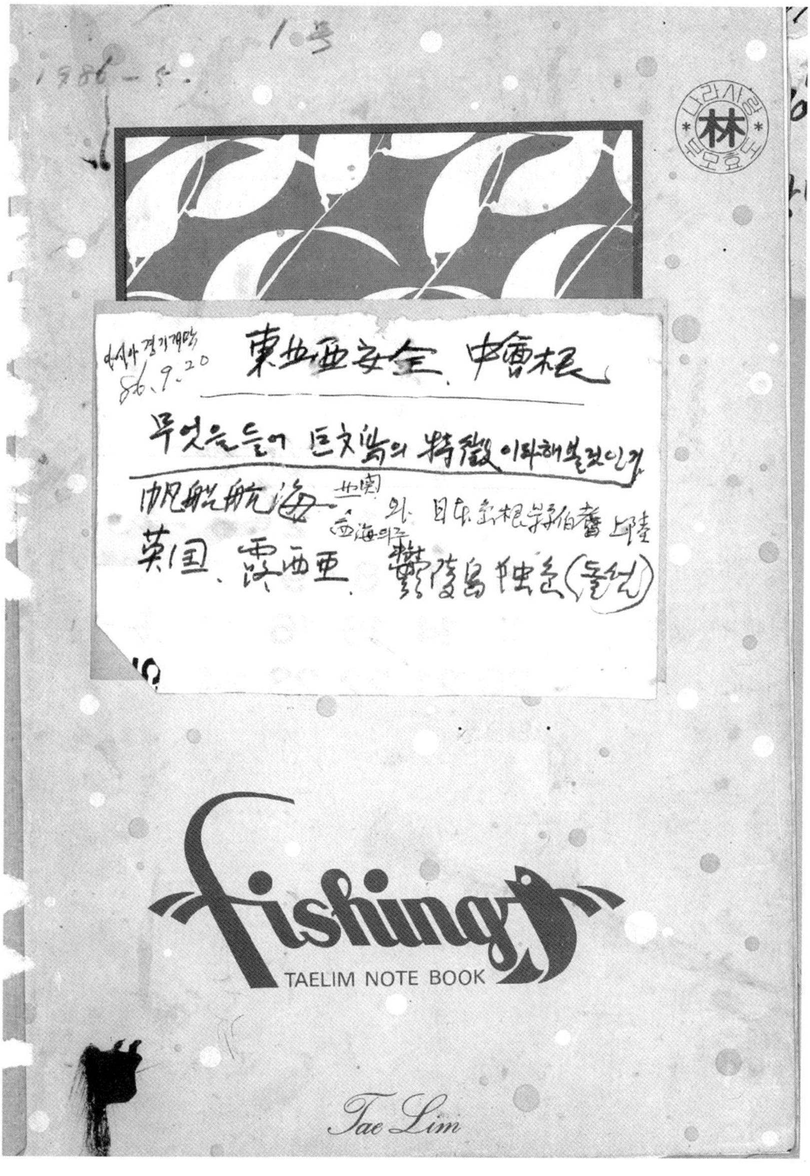
TAELIM NOTE BOOK
Tae Lim

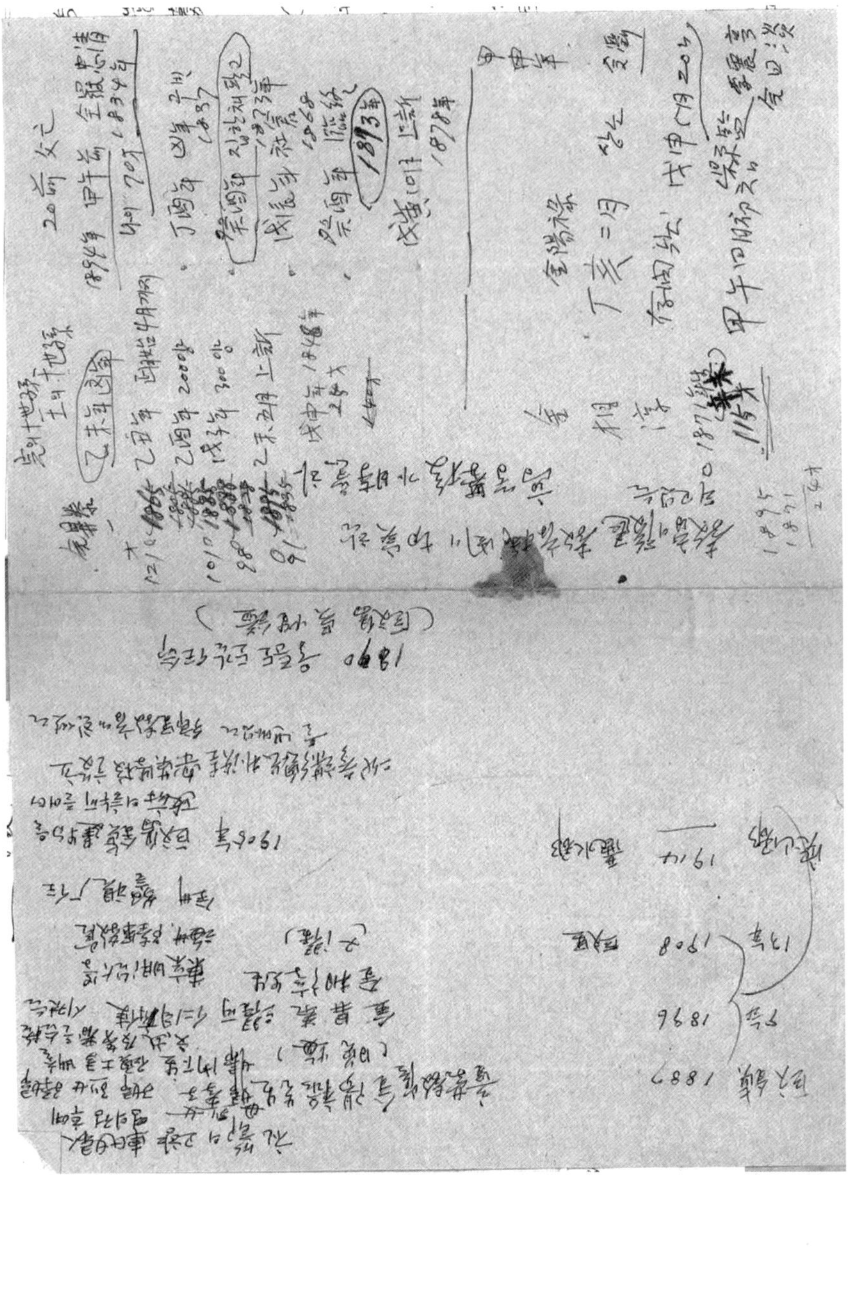

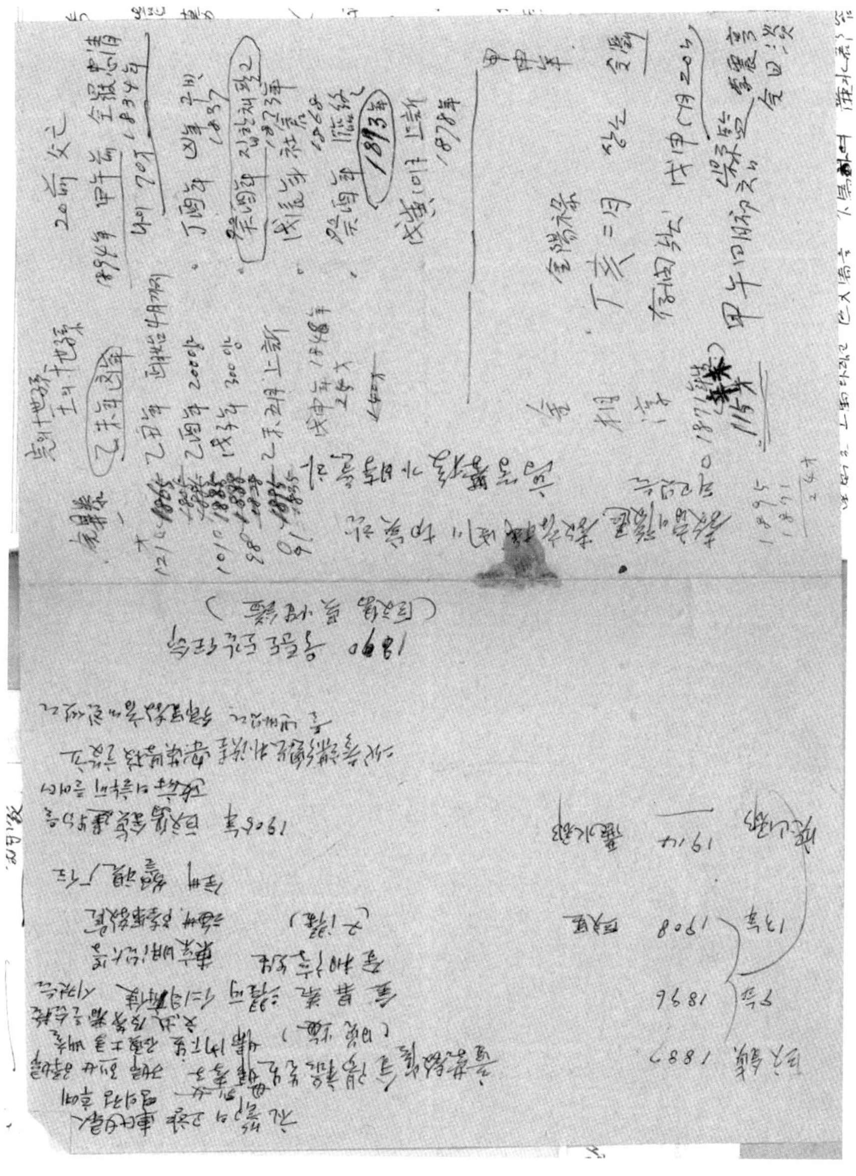

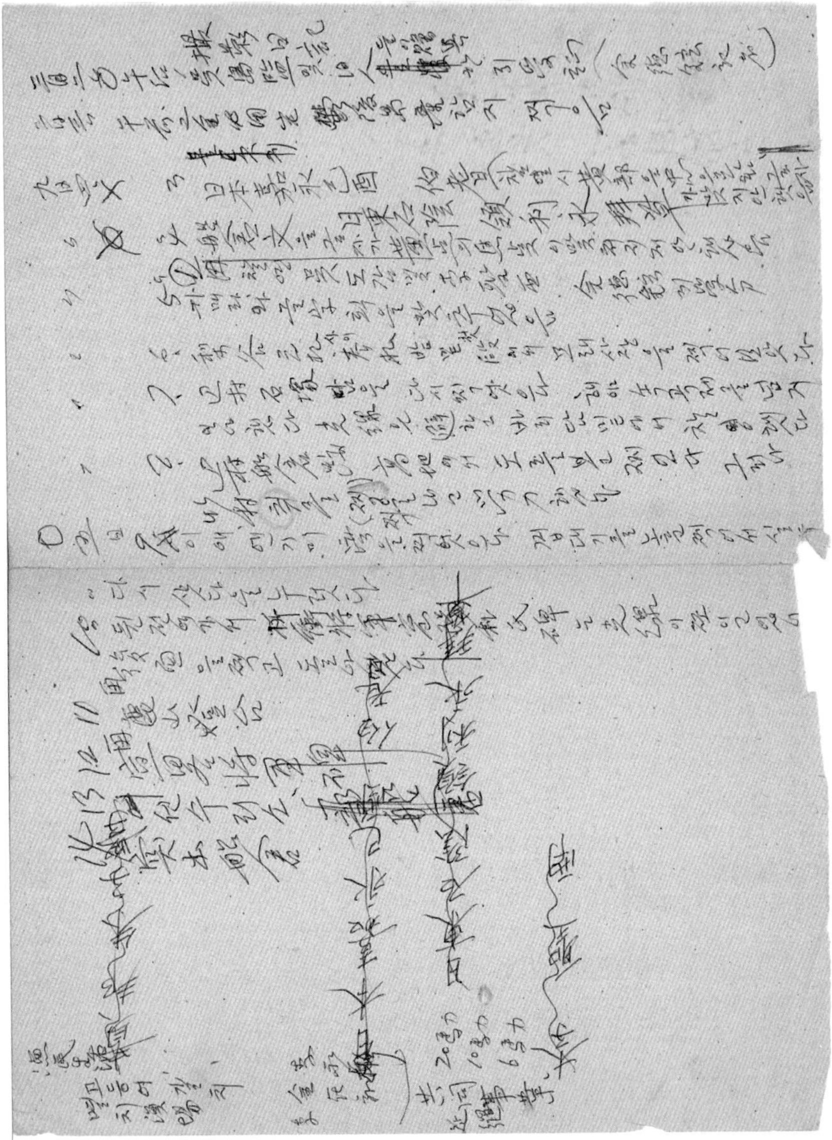

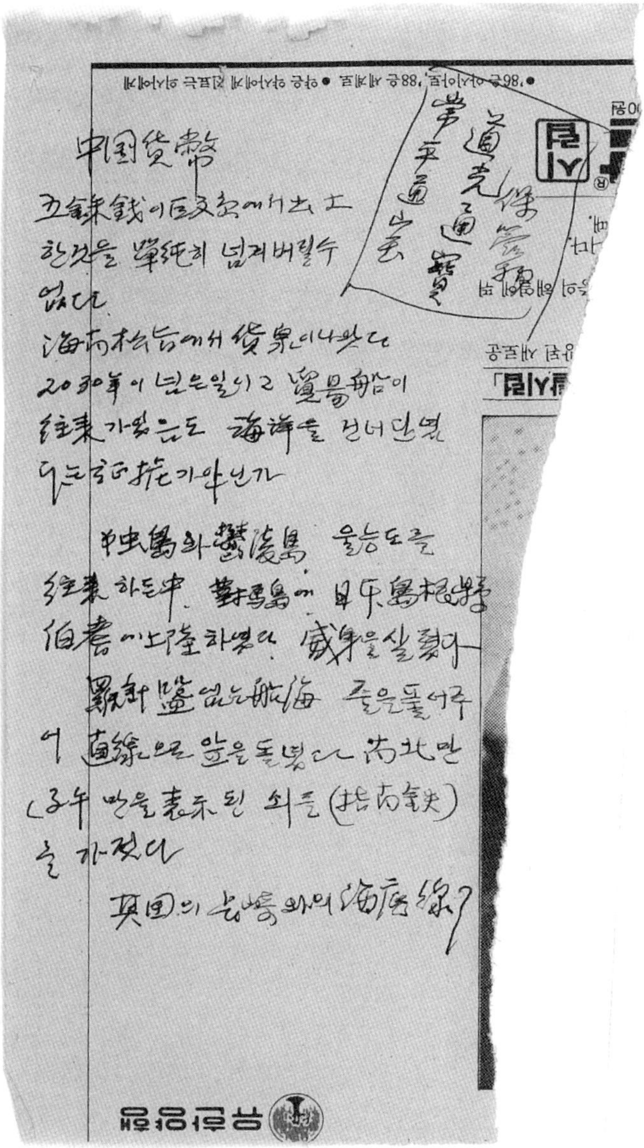
中国貨幣

五銖銭이 巨文島에서 出土
한것을 単純히 넘겨버릴수
없다
海南松岳에서 貨泉이 나왔다
2030年이 넘는일이고 貿易船이
往来가 있는도 海洋을 건너 단녔
다는 證據가 아닌가

独島와 鬱陵島 울능도를
往来하든中 對馬島에 日本島根縣
伯耆에 上陸하였다 威身을 살렸다
羅針盤 없는 航海 줄을 놓어주
어 直線으로 앞을 돌렸다 南北만
(子午 방을 表示된 쇠를 (指南鉄)
을 가졌다
英国의 長崎 와의 海底線?

常平通宝
道光通宝
保管

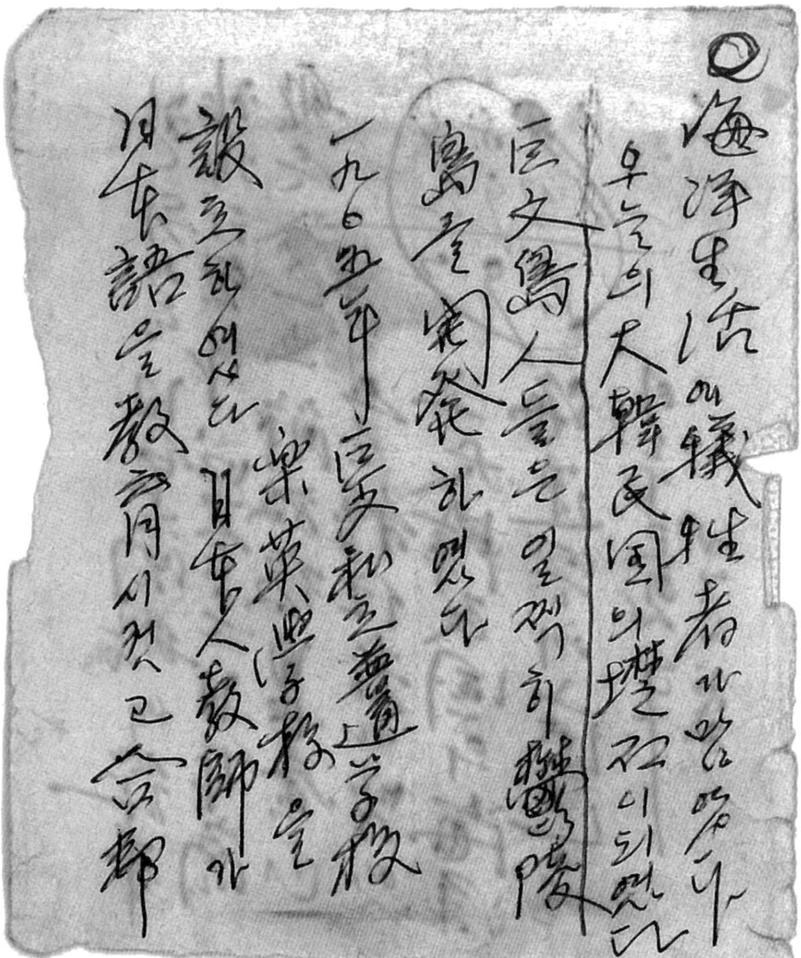

海洋生活에 犧牲者가 많았으나
우리의 大韓民國의 地理가 되었다
巨文島人들은 일찍이 鬱陵
島를 開拓하였다
一九○五年 巨文私立普通學校
樂英學校를
設立하였다 日本人敎師가
日本語를 敎育시켰고 合邦

1 No.1

2018년 2월 21일

年(區分)	年度	年	適要	年	年度	年	適要
1	1642	壬午年	碩重(入島) 墓는 將村		194 2		
目 216	1858	戊午年	斗根 安根 昌根 俊根(辛未年)		3		
243	1885		興陽縣 道化面 三島		4		麗水郡
244	1886		英国艦 撤收		5		
245	7		巨文鎭 設置		6		
246	8				7		
247	9				1918		거문도 어업조합 설립
248	1890		울릉도 島監 吳性鎰 敎旨		9		
	1			278	1920		
	2				1		
	3				2		
	4	甲午			3		
	5		사립 낙영학교 설립(김상순)		4		
	6		巨文鎭 (10年) 1889~1896년		5		
	1897				6		
	8				7		
	9				1 8		
258	1900				1929		거문도 어업조합 지정
	1			288	1930		
	2				1		
	3				2		
	4				3		
	5				4		
	6		巨文島 燈台		5		
	7				6		
	8				7		
	9	1897~1909	突山郡 西島里 面事務所 (13目)		8		
268	1910				9		
	1			298	1940		

○ 1592年 龍蛇之亂으로 인하여
李忠武公은 兵丁 460名을(能1 軍)
駐屯 시켰다. (420目)

(廬山志)

No.2

光州 KBS 放送局에 5月22日 書信을 보냈음

No.

初夏의 綠陰의 季節에 光州 KBS 放送局 職員一同의
健勝과 貴社의 隆盛 있으시기 바랍니다.
書信을 드린 內容을 적어보내오니 未及한 점에 下諒하여 주시기 바랍니다.
小生은 5月21日 月曜日 밤 開催한 座談席上에서 光州市 李乙浩
博士님 臨席하에 영광 晉州 姜氏의 家族 여러분과
三兄弟분이 일본으로 포로가 되어 가셨다가 日本에서 많은 功業
을 이루셨고 日本人들이 頌彰碑를 建立 하신데 姜門의 榮光
입니다.
全南日報 女記者가 現地를 參觀하고 歸鄕 報告에 接
했을때 문득 巨文島에서 類似한 事實이 있었다는 있습니다 證據가 되
고 實現이 될는지는 疑問이오나 같은 思懷을 상記합니다.
巨文島에서는 壬辰의 龍蛇亂에 日人들의 築城軍兵을
무찔렀고 이에 도망 했다고 합니다 400余年 前부터 島民의
生活은 船舶으로 東西海를 航海했읍니다
北上하다 鬱陵島 附近에서 暴風을 만나 日本伯耆
에 漂流했읍니다 요행이 伯耆住民들이 生命을 救出하
게 됐다고 봅니다 李聖西 李敎敏 兄弟인줄 압니다
橘隱先生 文集에는 先生의 貴大人(父親) 己酉年에
漂流된것으로 記錄되고 있읍니다 140여年 前일로 생각
됩니다 (橘隱集의 譯刊行序文은 李乙浩先生이 썼읍니다)
李聖西 歸鄕하실때 日本人들 선물로 惜別의 詩文과
富士山 畫幅 등은 紛失 되었읍니다 路程記도

E-HWA

VMH-3

麗順叛亂 때 燒失 되고 말았습니다

分明한것으로 伯耆에서 嘉永己酉 日東石陰 鎭利永 拜草 李聖西 인것입니다

日本人들이 貴邦은 朱子學을 숭상하느냐고 물은일입니다

당시 漂流民人 들은 漢學에 博識 하고해서 交分이 깊었을것입니다 漂流民人들의 歸鄕을 볼수 없을것으로 惜別의 情을 금할 길 없다고 봅니다

全南日報 女記者가 日本現地 姜沆先生 建立碑 建立과 더부러 日本에 가실 機會에 鳥取縣伯耆市長을 訪問 해서라도 이들의 己酉年에 있었던 兩國의 일을 想起 시키고 鳥取縣과 光州 友情과 親善을 圖謀 해주시기 付託 합니다

鎭利永 嘉永人士 엮은것임

1990年 5.22

麗川郡 三山面 西島里

老人亭會長 金 [illegible]

光州 KBS 放送局長 貴下

No

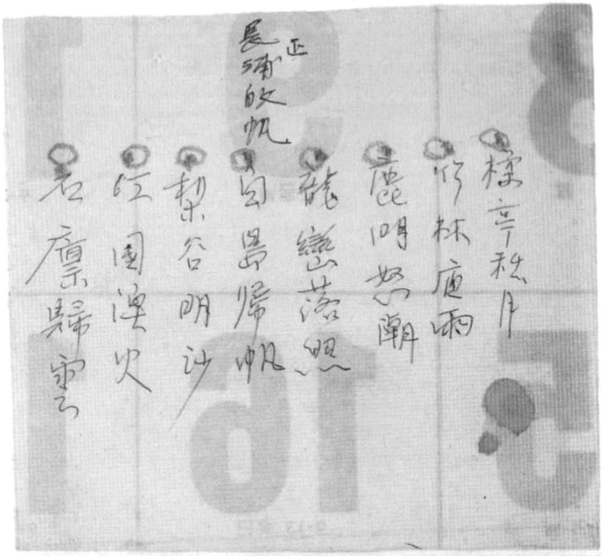

朝鮮日報 1999년 12월 29일 수요일.

獨島 도발에 단호한 대응을

일본 정부의 독도 영유권 주장이 점점 노골화하고 있는데도 이에 대한 우리 정부의 대응이 너무 미온적이고 소극적이어서 안타깝다. 독도 접안시설에 대해 매년 한 차례씩 철거요구 문서를 보내면서 영유권을 주장하던 일본정부는 급기야 시마네(島根) 현(縣) 일부 주민들이 아예 독도로 호적을 옮기는 것을 허용하는 등 도발적 태도를 보이고 있다. 우리 정부의 항의서한에 일본정부는 독도가 자기네 땅이라는 공식서한까지 보내왔다는 것이다. 억지도 그런 억지가 없다.

독도가 우리 땅이라는 사실은 역사적으로 이미 오래 전에 명명백백히 증명된 것이어서 더 이상 구구하게 설명할 필요를 느끼지 않는다. 우리의 역사자료들은 물론이고 심지어는 일본 문헌들을 통해서도 수없이 사실로 확인되고 있음은 일부 일본인들조차 인정하고 있는 것 아닌가. 그런데도 일본 정부가 계속해서 억지를 부리는 것은 한-일 선린우호 관계를 훼손하고 우리 국민감정을 자극하는 것이어서 위험스럽기까지 하다.

독도에 대한 일본 정부의 영유권 주장이 시간이 갈수록 거세지고 교묘해지는 데엔 우리 정부의 책임도 크다. 정부는 독도에 대한 '실효적 지배' 운운하면서 이를 쟁점화 할 경우 오히려 우리측에 불리하니 대응을 자제하는 것이 효과적이라는 입장이다. 물론 일리가 없는 것은 아니지만 그것도 정도의 문제다. 일본은 독도를 상정한 이오(硫黃)섬 상륙훈련까지 벌이는 등 도전적으로 나오고 있는데 우리 정부는 일본을 자극해서는 안된다는 이유로 독도 수비대에 대한 위문방문조차 못하게 하고 있으니 '저자세', '굴욕외교' 등의 비판을 받아도 할 말이 없을 것이다.

일본정부가 이처럼 도발적으로 나오고 있는 마당에 우리는 언제까지 '실효적 지배'니 '자극'이니 하면서 소극적인 입장에 머물러 있을 것인가. 정부는 독도에 대한 일본인들의 호적 등재 조치를 취소하라는 항의서한을 보냈다고 하지만, 상황은 그 같은 미온적인 대응으로 그칠 수 없게 되어가고 있다. 정부는 접안시설과 유인등대 설치에 그치지 말고 '독도는 우리땅'이라는 사실을 더욱 확실히 천명하는 등 독도에 대한 우리의 실효적 지배를 더 강화해야 할 것이다.

일본 정부는 김대중 정부 등장 후 어렵사리 조성된 미래지향적 관계발전을 깨지 않기 위해서도 독도에 대한 주권 침해행위를 즉각 중지해야 한다. 서로 이웃해 살면서 말도 안되는 트집으로 새로운 세기를 시작해서야 되겠는가.

No.31

울릉도 배질 노래

울고 간다 울등도에
웃고 간다 아리랑이
부모형제 이별을 하고
기약없는 배질이다
범포줄기 떠나가네 둥실 둥실 떠나가네
달리는 구름 벗을삼아
라침판 없는 배질이다
낮에는 해를보고 밤이면 별을잡고
비바람은 모라치는 싸나운 파도
난북을 모른 칠흑의 밤엔
시쳐가는 바람손에 방향을 잡네
수월~ 배사공은 기도를 올리네
아슬~ 한 고비를 넘겨놓고
긴 한숨을 쉬네 이돈을 벌어서 무엇을 할거나
노부모 보양하고 어린자식 길러내고
이웃들과 오손도손 행복하게 사러보세

鬱陵島와獨島

1962年 5月 日 最高会議議長께 建議書
鬱陵島는 独島国籍不明의 危険性 漁民에 警告

1962年 10月10日 朴正熙 最高会議議長 鬱陵島視察

1963年 7月 日 紀念碑建立 (울릉도민 朴正熙議長) 金容甲信

1984年 카-페리호 遭難 全大統領 巨文島에 安全施設指示

1987年 全大統領 選挙를 앞두고 金滿鐵, 李聖西 伯爵 島根縣
漂流 日本人이 救助
에 對한 兩国간 友誼와
友好 親善 努力 해줄 것을 要望했음

金[illegible], 海軍基地.
麗水 港湾庁 姉妹結緣 1988-

敬吉

No.32

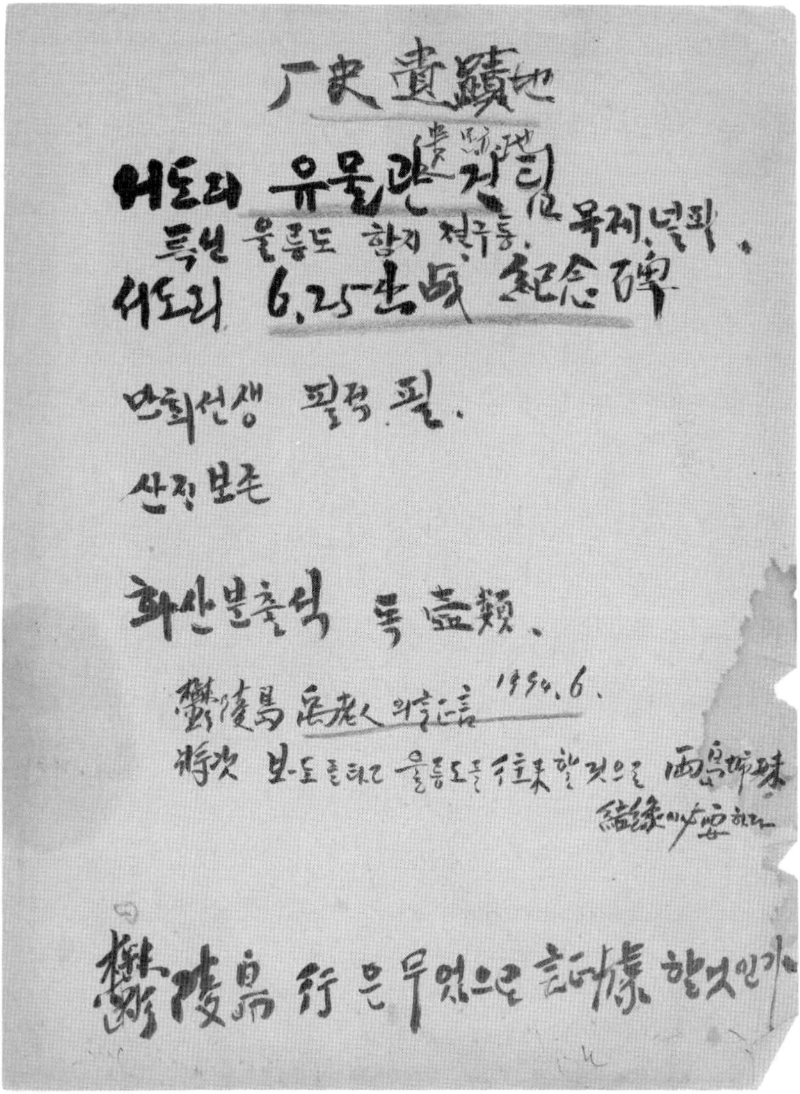

厂史 遺蹟地

서도의 유물관 건립

특별 울릉도 향지 청구동. 목재, 널피 .

서도의 6.25 忠戰 紀念碑

만희선생 필적 필.

산정 보존

화산분출석 등 岩類.

鬱陵島 居老人 의 증언 1954. 6.

將次 보-트를 대고 울릉도를 往来할 것으로 兩島姉妹
結緣이 必要하다

鬱陵島 行은 무엇으로 記錄할 것인가

NO. 43

1890-1896. 丙申年 安山郡 庚寅年

1월27일 아침방송은 　 울 島 監在任七年

일본은 일본인 두명을 독도에 호적을 실리고 독도를 거주한것으로
하고 있다는 웃지못할 뉴스를 흘려주고 있다
19 년 거문도인 오성일이 도감으로 재직시에 울릉도에
島根縣에서 와서 울릉도에 도벌을 지르고 자기네 소유
인것 같이 함부로 귀목을 벌채했다. 울릉도민과 갈등이 심했다.
종전에 강화조약 체결당시 大韓民国의 領土를 包含하고
부속도서 중 三個島嶼를 빼서 반환한것이다. 전패국으로서
승복을 하고 無條件降伏이 降伏는 된것이다

鬱陵島青年의 偉大한 業績

獨島를 떼배로 노를저어서 왕복했다
떼배를 타는 경험을 살려서 日本玄海灘을 건너간 勇氣
가 嘉賞했다. 우리처럼 수독을 가서 떼목 자료를
가려다가 떼배를 만드렀다. 태풍을 만나서 이기섬에
표류 안벽에 부닥쳐서 목숨을 잃었다. 울릉도섬사람
들의 생활상을 전국에 알리는 장한行動의 標本일것
이다

No. 40

巨文島 初入島는 언제인가. 족보를 보면 大槪 7.8代였다 (8.9代)
壬辰倭亂 때 龍蛇亂에는 (古島) 10人 所占 築城 駐兵寺 岸屋 [illegible]之
畫遁 하였다. (別將1人 能當軍460名) 1580年 394年前
이다.

德村 朴氏가 鄭氏가 언제인지 알수없다 鄭氏는 17世孫이다
1977年 2月에 發掘된 中國業錢이 13C 110年 이고보면 2095
前에 사람이 往來한것으로 본다.

金海金氏는 興陽 [illegible]으로 年에 入島하였다.

○ 四孝子 [illegible] 東氏婦人 金氏. 張氏

○ 金社玉. 金東奎 金相淳 經歷事項

入島歷史 [illegible] [illegible], 六[illegible]州, [illegible] 興陽巨金 經由入島 [illegible]
[illegible] 30年, 前后에 [illegible]
[illegible]島 開拓 (生活의 實態 實況 [illegible]
[illegible]氏들 [illegible]民 壬辰倭亂 460名
巨文島民의 生活은 東.西海를 航海하였다. 元山 義州
生産物 [illegible] [illegible] 運搬 [illegible] 造船 林木 日人[illegible]
[illegible] 日本[illegible] [illegible] 丑山의 金海金氏 墓
巨文島는 [illegible]島는 生活圈 [illegible] 鍾 島監 [illegible]

No.50

바다를 건너온 철새
1992. 4. 24

서기196 년 월 일 요일 천기

제 목

아침 서산山에 올나가서 운동을 하고 하늘을 쳐다본다
두 마리의 흰 재베는 하늘 높이 날고 있다 재쌍께 날고 있다
나는 우리 거문도 사람들이 통나무 배를 타고 울릉도를 찾자 단였을 것
하고 생각을 가져본다 저 새들은 먼곳에서 얼어지 해서 날아 왔을 것
계절 따라 남서풍에 바람과 함께 쫓겨 왔을 것 잘도 찾아 온다
우리 거문도 사람들도 2, 3월 계절풍을 타고 울릉도로 떠난다
서쪽 바다 의주도 가고 한강도 간다.
우리 조부님 이봉열 조부 어큐술 조부가 서해쪽 송도 양에서 미역을

서기196 년 월 일 요일 천기

제 목

싣고 가서 그쪽 사람 도적 해적들 한테 참해를 당했다
해상 강도들 한테 피해를 ~~보았든~~ 당한 것은 한두번이 아니다
이봉열 할아버지 우리 할아버지는 유식한 분이다. 송도에서
별세를 했다. 이봉열 조부는 병라서 한결 한 분이다
돈을 빼앗기고 살해당한 것이다 이분들이 생존해 있다면 이 섬이
더 낳아 졌을 것이다
동서 해를 왕래한 거문도 사람들이 바다를 제패했다

No.51

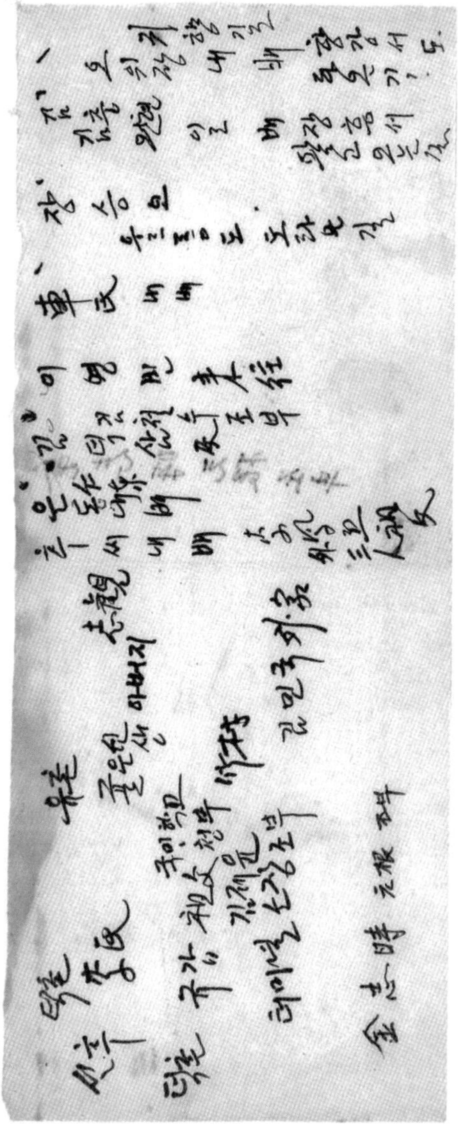

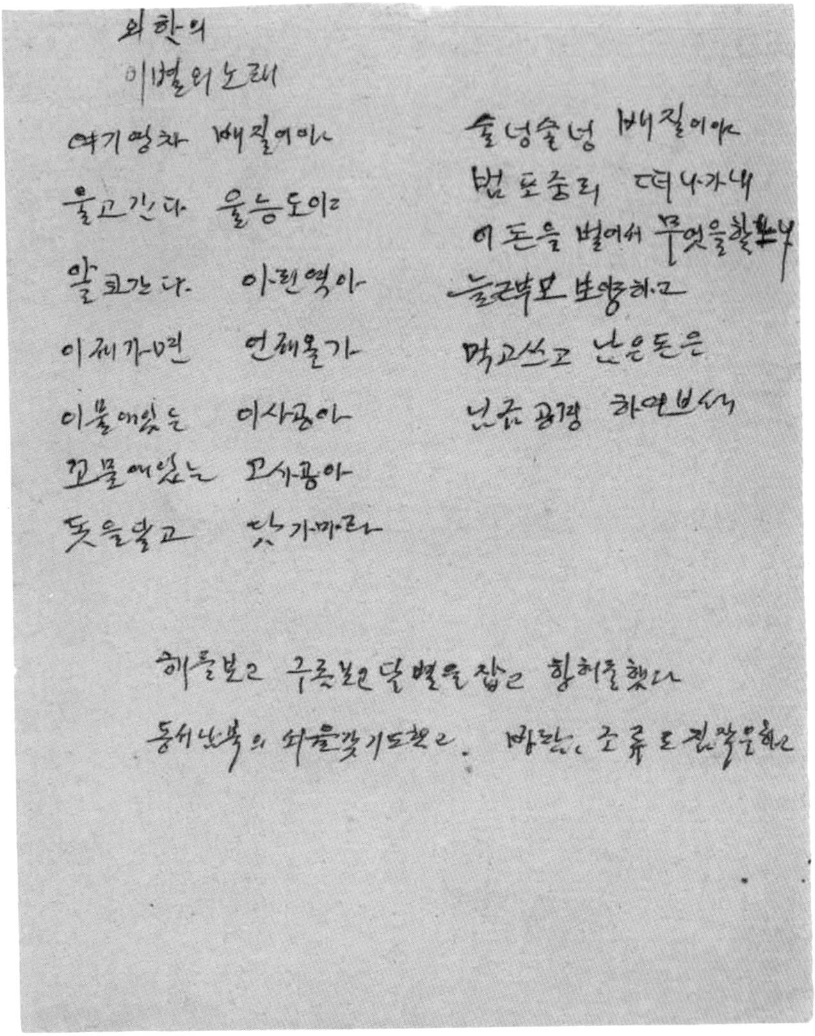

외한의
이별의 노래

어기영차 배질에이야
울고 간다 울릉도야
알고 간다 아련역아
이제 가면 언제 올가
이물에 있는 이사공아
고물에 있는 고사공아
돛을 달고 닻 가마라

술넝술넝 배질이야
범포 줄리 터나가내
이 돈을 벌어서 무엇을 할꼬나
늙은 부모 봉양하고
먹고 쓰고 남은 돈은
남 좋은 공경 하여보세

해를 보고 구름 보고 달 별을 잡고 항해를 했다
동서남북의 뫼를 잡기도 했고. 방향은 조류도 참작을 했고

No.52

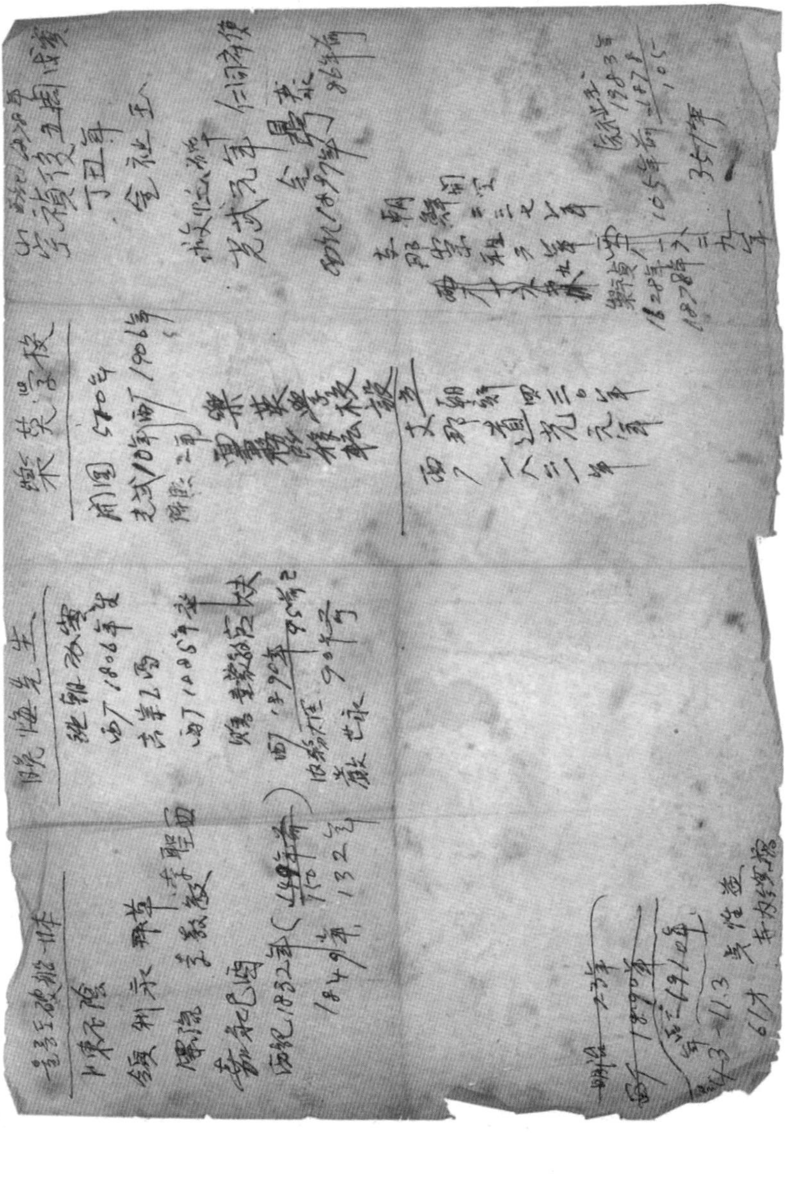

No. 74

유럽의 「韓國그림」 2題

日曜 화제

英國船長의 獨島 스케치

1880년 東海지나다
3개의 봉우리 담아
東京韓國硏서入手

成宗代의 三峯島별명 立證
「三峯島=獨島」否認에 쐐기

1880년 영국인 선장이 그린 獨島의 스케치가 발견돼 흥미를 끌고 있다.

東京 韓國硏究院 崔書勉원장이 최근 英國에서 입수, 29일 본사에 제공한 이 그림은 英國의 「세인트·존」 선장이 기록한 「日本연안의 메모와 스케치」란 책에 수록돼있는데 「존」 선장은 東海를 거쳐 「주미에」로(日本북방의섬)로 가던중 안개가 끼어있던 獨島를 볼수 있어 스케치로 옮겼다는 것.

흥미있는 것은 스케치에 그려진 獨島의 모습이 3개의 봉우리로 돼있다는 점이다. 서양에서 「호네트」또는 「리앙쿠르」島로 불려왔던 獨島는 우리나라에서는 예부터 于山島·石島라고 불려왔으며 成宗2년(1471년)에는 三峯島라고 불리기도 했다. 3개의 봉우리가 보인다고해서 붙여진 이름인데 日本人들은 「獨島는 섬이 둘인데 왜 三峯島가 되겠느냐」고 三峯島=獨島에 이의를 제기했었다. 그러나 약1백년전 서양인의 스케치에는 獨島가 분명히 세봉우리로 되어있고 본사에서 찍은 사진에서도 같은 모습을 볼수있다.

1880년 英國人 「세인트·존」선장이 스케치한 獨島그림(위)과 76년 서울신문 金[illegible]기자가 찍은 獨島사진. 멀리서 보면 세봉우리가 뚜렷하다.

朝鮮日報 1999. 4.

독도 有人등대 지난10일부터 가동

해양부 "민감한 外交사항" 공식 준공식 안가져

◇지난 10일부터 동해(東海)의 밤바다를 밝히고 있는 독도 유인(有人) 등대의 모습. 총 4명이 2교대로 정식으로 불을 밝히고 있지만 일본 정부를 의식해 준공식도 갖지 않았다. /해양수산부 제공

해양수산부는 독도(獨島)에 건설한 유인(有人)등대를 지난 10일부터 공식 가동하기 시작했다고 31일 밝혔다.

그러나 해양수산부와 외교통상부는 일본 정부를 의식해 유인등대 가동사실을 전혀 발표하지 않아, 정부가 독도 영유권 문제에 지나치게 소극적인 자세를 보이고 있다는 비판을 받고 있다.

해양부는 31일 "작년말 등대를 완공한 이후, 3개월간의 시험가동을 거쳐 지난 3월 10일부터 정식 가동을 시작했다"면서 "그러나 독도 유인등대가 한일 양국간의 민감한 외교사안인 만큼 공식적인 준공식은 갖지 않았다"라고 설명했다.

해양부는 "독도 유인등대에는 현재 2명씩 2교대로 총 4명이 근무중이며, 4월부터는 근무인원을 2명 늘려 총 6명으로 운영할 방침"이라고 덧붙였다.

/李光會기자 santafe@chosun.com

建議書

No.25

最高會議 議長閣下

國事多忙 하신 此際에 尊体의 錦安 하심을 仰祝 하는 바입니다

報道에 依하여 鬱陵島 漁民들이 独島에 出漁할 당시 漁撈中의 公海에 國籍不明의 飛行機가 機関銃射撃을 가하여 왔다는 事實은 같은 人類로서 天人共怒할 到底히 참을수없는 野蛮行為로서 全國民과 더부러 糾弾하여 마지않습니다

1845년 8.15 敗亡을 告한 日本은 우리나라와 國民 領土가 解放이되였읍니다 執拗하게 自己네 領土인양 旧習을 버리지 못하고 있읍니다

巨文島人들은 鬱陵島 生産物을 陸地에 運搬하고 食糧交換 또는 購買를 하여 절구통으로 加工하고 倉庫에 保管하였다가 2、3月 西風이 불어오면 出帆할 날을기다려 家族들과 期約없는 離別을 하고 떠나는 것입니다

金興吾翁 兄弟 (120)는 이렇게 傳하여줍니다 独島에 가서 미역을 따고 棲息하고있는 可知魚을 捕獲하여 기름을내서 陸地의 農家에서 緊要하게 쓰여진다는 것입니다

巨文島와 鬱陵島往来는 1800年代에 全盛期 였다고 하며 家屋에 쓰이는 家材木 船舶材用으로 木材의 밑부분을 도끼로 半径을 찍어서 높은 곡대기에 줄을 매고 여러사람이 당기면 半半으로 갈라진다고 하는데 다듬어서 船材用으로 使用했다고 합니다

日本人들이 총을가지고 들어와서 香木을 盗伐하여 갔다고 합니다

鬱陵島와 独島는 엄연한 우리나라 영토로서 東海上의 要衝地로서 一層 國防力을 強化 하여주시기를 懇切히 바라는 바입니다

閣下의 建勝을 祈願 하는바 입니다

1962年5月 日

全羅南道 麗川郡 三山面 西島里(巨文島)

代表 金柄煥

No.26

(3281)

謹啓

貴下의 尊體錦安하심을 所願하옵니다

[illegible]

意를 드리는 바입니다

貴下의 誠意어린 建議內容에 對해서는 充分히 檢討하여

施策에 參考로 하겠아오니 諒知하시기 바랍니다

貴下의 健勝을 祈願합니다

西紀一九六二年 五月 日

國家再建最高會議

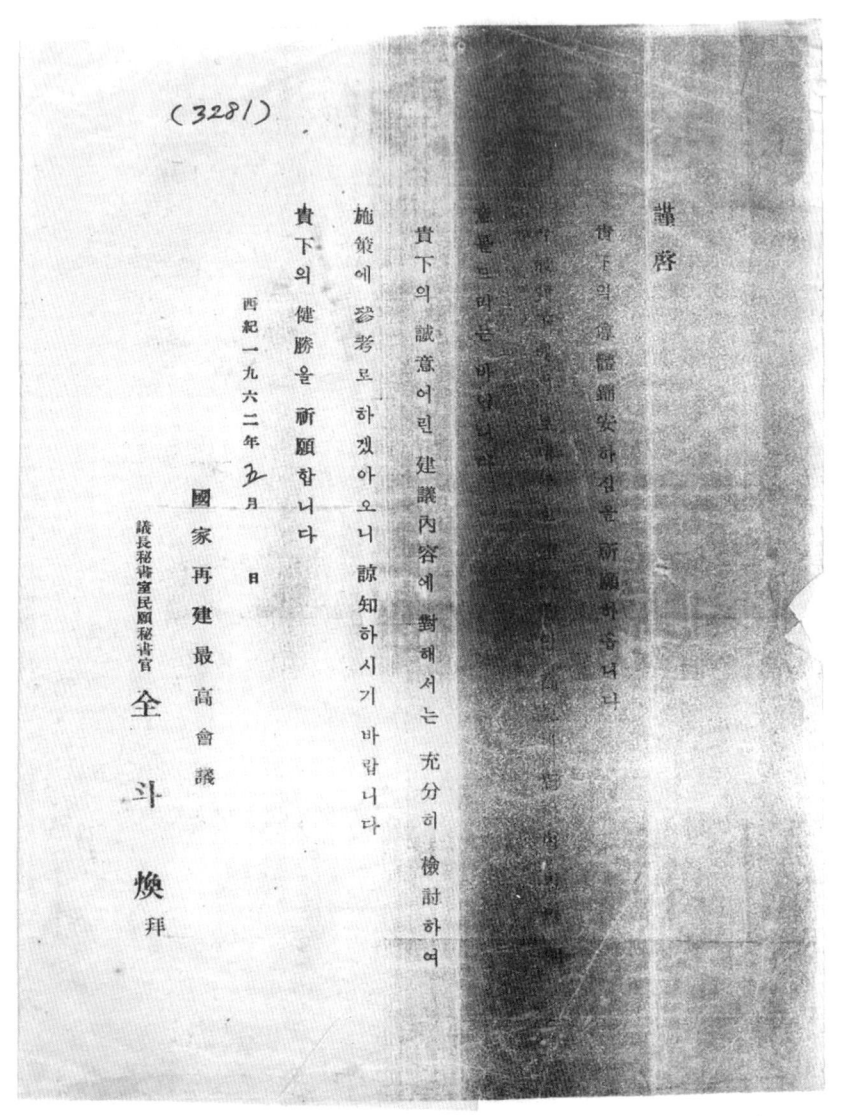

議長秘書室民願秘書官 全 斗 煥 拜

No.77

嶺東 — 울릉도 독도 咸鏡道 — 義州 海洋은 舞台로 活躍하였음

鬱陵島 개척 　울릉도에서 미역을 採取한 權利를 가진다

住民들은 食糧에 窮乏하였으므로 미역은 忠淸道에 穀物을 交換하고 商賈으로해서 米穀을 島民들에 充足케했다

그러므로 島民들은 羅人들이와서 미역 採取가 行事하게된

巨文島人들은 南海와 漸次 北航해서 元山 城津까지 미치게된다

西海 江津 · 松都 에 往來 하였다 先人들의 海洋을 相對로하여 生活이 계속하였다 元始的인 造船技術에 · 造船에는 허술한데가 많았고 고쳐진단 이란 ~~東西~~ 南北의 指針을 보고 船首가 돌려졌다

1880年 鬱陵島監으로 吳性鎰이 赴任 가였다

韓日合邦 한대 商船에 從事 한사람이 늘어났다 日政 때의 技術에 習得하였고 우리나라 海運業은 이로 基礎로해서 發展 되었다고 할수있다

巨文島人들은 冒險을 무릅쓰고 海上生活에 敢鬪해왔다고 하겠다

~~之後~~ 들이다

二代들이나라 二代海運業界總은 그 後裔들이라 할수있다

釜山에 居住 하는 移住者들이 우리나라 海運業에 從事하고있는 은 높이 評価 할수 있다

No. 78

14 ~~[illegible]~~ 김윤식 家 거문도인의 생활기
울릉도 목재질 (노래)

울능도도 배질 한세

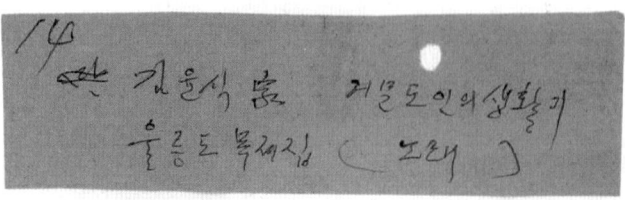

울고간다 울능도야 알고간다 아린녁아
배질하세 〈 꽃물에 고사공아
이물에 이사공아 허리대밑에
화장아이 돛줄달고 닻가마라
배질하세 〈 술넝 〈 배질하세
버몰고 쭉리 떠나가네
이돈을 벌어서 무었을 할거나
늙은 부모를 보양하세
어린자식 질너내서 ~~[illegible]~~ 묵고쓰고
남은돈은 임군충성 다해보세

No. 79

14 김윤식 翁
울릉도 목재

No.81

울릉도나 돌섬으로 어장을 찾았다
大海에서 漂流하다 日本伯耆에 定着

[illegible]

1978. 11. 17 東亜日報

리앙쿠르와 獨島

崔書勉 東京韓國研究院長 기고

첫 發見한 西歐船名 붙여

佛선 19세기부터 "韓國땅"

엄연한 우리영토인 獨島에 대해 일본은 지금도 기회있을때마다 領有權을 주장한다. 獨島는 西歐에선 일찍부터 「리앙쿠르」란 이름으로 불리며 한국영토인 것으로 인식돼왔다. 東京의 한국연구원장인 崔書勉씨는 이번에 「리앙쿠르」와 관련이 있는 「리앙쿠르」市를 방문하는등 그에 얽힌 현지답사를 마치고 이글을 本紙에 기고해왔다. <편집자 註>

「리앙쿠르」號와 兩國의 배가 고래잡이하는 광경. <1840년대에 그려진 그림>

吳性鎰 鬱陵島 島監에 就任이 1890年 庚寅年

이다 [illegible]郞은 1896年 즘으로 본다 後任은 1896年 裵季周 라고 본다

吳翁은 任命狀을 받고 現地에 赴任할 때의 覺悟는 大端했고

勇躍한 모습이 [illegible] 했다고 보겠다

그리고 全羅道 興陽 三島사람 羅人으로 통한것은 자랑스러운 일이다

造船과 採藿(미역)을 專業으로 [illegible] 待遇를 받았고

鬱陵島 [illegible] 했다 吳性鎰翁과 日本人들이 跳梁

을하고 侵略을 할때 [illegible] 을 했는지를 본다

運送船이 必要했다 처음엔 [illegible] 三島人이 미역生產의 功勳을

세우고 造船을 獨占했으며 鬱陵島民은 이를 讚揚해주어야

할것이다. 當時에 基本이 되는 生產者에 賦課를 했다

鬱陵郡 文化部 公報室, 中學校 校長에 連絡이 되어야할것이다

巨文島에서도 鬱陵島와 같은 位置에 있다 東海上이고 將次

海上 防衛에 要衝이 크게 浮刻 되어야 할것이다 日露戰爭

時에 巨文島를 利用했었다 望樓設置 등이 그것이다

政府에 國防上의 要衝임을 喚起 시켜야 할것이다

1963年 6月 6日 素堂 李[illegible] 謹吟

(碑裏面) 朴議長閣下 記功紀念趣旨文

東海의 孤島인 鬱陵島는 大韓民國의 領土이면서도 歷代의 爲政者로부터 버림받은 孤兒가 되어 二萬島民은 [illegible]의 한 띠를 받은 僻遠의 지대이면서도 本土의 國民으로부터 忘却된 지 오래였고 現代文明과 隔離된 生活을 營爲한지 얼마나 歲月이 흘렀던가 本島가 開拓 以來 全島民의 宿願은 港灣施設과 가스발전소 建設 定期交通船 就航 水産物加工處理 工場建設을 爲하여 中央政府要路에 數十次 陳情 建議하였으나 거의 [illegible] 失意 속에서 살아오던 中 [illegible] 우리 二萬島民에게도 光明 希望의 새날이 찾아왔으니 이는 우리 民族을 累卵의 危機에서 救出하신 [illegible] 朴正熙議長의 [illegible] 이 아니오. 去年 10月 10日 國家元首이신 朴正熙議長은 本島來訪은 鬱陵島 開闢以來 最初의 盛事가 아닙니까. 當時 本島를 巡視하시고 [illegible] 鬱陵島 綜合開發計劃이 成案되어 지난 三月 第十七次 閣議에서 國家의 議決 되어 이미 交通船은 就航하게되고 島內 一周道路와 가스발전소는 着工 中이며 餘他 開發計劃도 續續 進行 中이니 이 얼마나 기쁘며 눈물겨운 일입니까. 우리가 지금 朴正熙議長 巡視記念碑를 建立코저 하는것은 議長閣下께옵서 우리 二萬島民에게 베푼 恩惠의 萬分之一이라도 報答할까 하는 것이오 우리 二萬島民의 작은 精誠으로된 이 記念碑가 우리 島民 子孫萬代에 마음의 등불이 될 것이오 鬱陵島의 歷史的 記念物이 될것이다.

發起人代表
金[illegible] 外 22名
1963年 7月 6日 建立

(石碑左側面) 于山孤島海吾東 誰造[illegible]靈岫化工
日出朝陽善惡地 雲[illegible]致雨善[illegible]
民聲如鐸社郞道 軍革利[illegible]景福功
[illegible]波[illegible] 再建偉業大洋風

1. 朴正熙將軍 巡察記念功碑
大統領權限代行
國家再建最高會議 議長

No. 82

독도 접안시설 구조물 우뚝

접안시설 공사가 한창 진행중인 독도 바다에서 23일 철제구조물이 모습을 드러냈다。95년12 착공된 이 공사가 끝나면 500t급 선박이 접안할 수 있 〈독도=〉

1997. 5. 24

나들이

迎日 장기갑등대

경주서 1시간… 인근에 등대박물관도

21㎞ 해안로는 환상의 드라이브코스

경북 영일군 대보면에 위치한 우리나라 최고(最古)의 장기갑 등대。푸른 파도가 넘실대는 탁트인 동해와 인근에 해수욕장이 즐비 늘어서 찾는이의 마음이 더없이 설렌다。

특히 등대옆에 동양 유일의 「등대박물관」을 찾아 우리의 해운항만및 등대발달사를 한눈에 볼 수 있어 주말이면 자녀들과 함께하는 나들이객이 3천명에 이른다。

포항에서 영일군 동해면 도구해수욕장과 구룡포를 거쳐 영일만 해안선을 따라 30분거리。경주에서 국도를 거쳐 경주군 감포읍에서 이어지는 해안도로를 타고 1시간 남짓 달리면 영일만 끝자락에 위치한 장기갑 등대가 탁트인 동해를 내려보며 우뚝 서 있다。

특히 포철이 자리한 영일만 입구부터는 지난해 개통한 21㎞의 해안도로가 빼어난 해안절경과 은빛 모래해변、검푸른바다와 어우러져 한폭의 동양화를 연상케해 연인들의 드라이브코스로도 인기가 높다。

장기갑 등대는 1903년 건립된 높이 26.4m의 8각형 서구식 건축물로 다른 고층 건물과는 달리 기초부터 꼭이 좁으며 철근을 사용하지 않고 벽돌만으로 축조됐으나 세찬 바닷바람에 1백여년을 거뜬히 견디고 있다。내부는 6층으로 돼 있으며 각층의 천장에는 조선조 왕실의 상징인 배꽃모양의 문양이 조각돼 지난 82년 경북도 문화재 기념물 제39호로 지정됐다。

또 지난 85년 개관한 등대박물관은 무종·등부표·등명기등 각종 항로기기 1백60종 7백10점이 전시돼 있다。특히 등대를 휘감는 석양빛이 넘실대는 파도에 물드는 저녁이면 대자연의 아름다움을 마음껏 느낄수 있다。

귀가길 해안도로변 곳곳에 자리한 횟집에서 동해안의 싱싱한 회를 싼값에 맛보고 해안도로 휴게소마다 개설된 해산물 특판장에서 미역·파래등 동해안 해산물도 구입할수 있다。

〈甘浦=李東九기자〉

▲국내 유일의 등대박물관 내부 모습。각종 항로기기 1백60여종、7백10점이 전시돼 있어 우리의 등대발전사를 한눈에 볼수 있다。

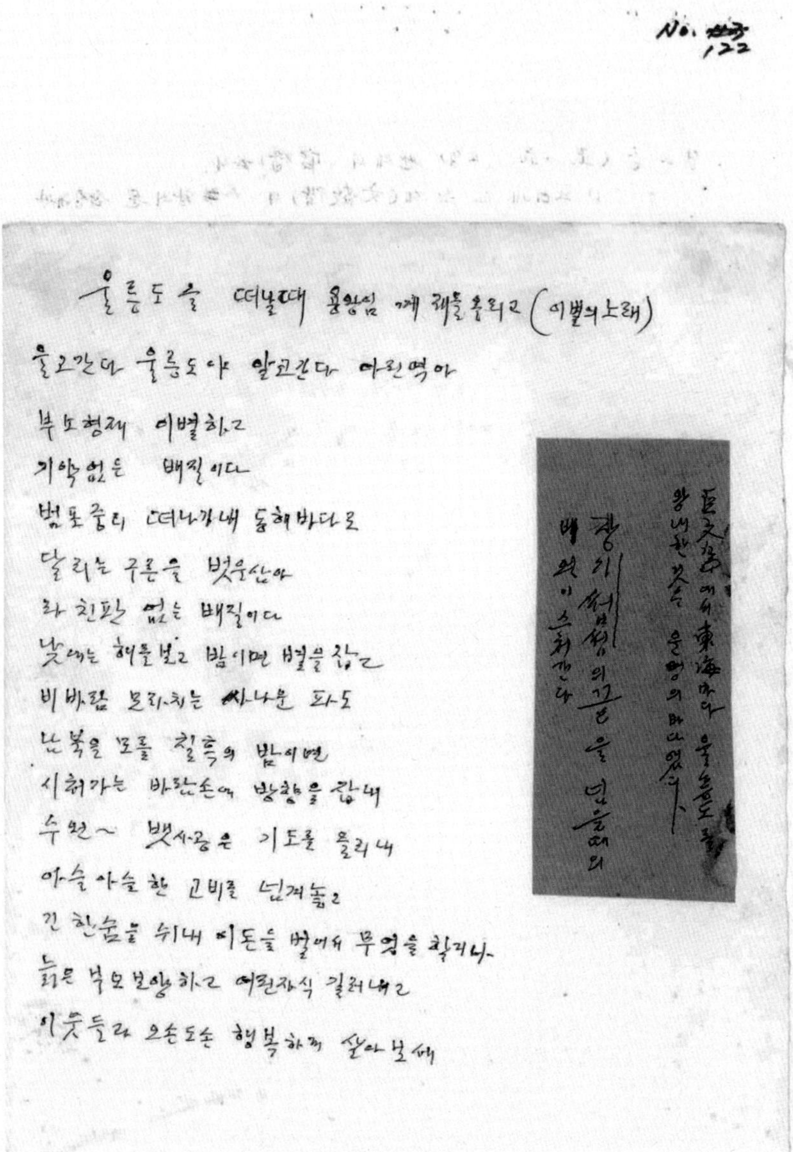

No. 122

울릉도를 떠날때 울릉심 께 래를 올리고 (이별의 노래)

울고간다 울릉도야 알고간다 아린몫아
부모형제 이별하고
기약없는 배질이다
범포줄리 떠나가네 동해바다로
달리는 구름을 벗우삼아
화 친파는 없는 배질이다
낮에는 해를보고 밤이면 별을 잡고
비바람 몰아치는 사나운 파도
난복을 모를 칠흑의 밤이면
시쳐가는 바람손에 방향을 잡네
수천~ 뱃사공은 기도를 올리네
아슬아슬 한 고비를 넘겨놓고
긴 한숨을 쉬네 이돈을 벌어서 무엇을 할거나
늙은 부모 봉양하고 어린자식 길러내고
이웃들과 오손도손 행복하게 살아보세

巨文島에서 東海바다 울릉도를
왕래한 것은 운명의 바다였습니다
청이 생명의 끈을 넘을때의
배의 이 스쳐간다

鬱陵郡守 鬱陵郡議會議長 貴下

多忙하신 郡政에 勞心焦思하시는 貴體의 健勝을 祈願합니다.

現下 日本은 自己네 領土라하고 独島의 領有權을 主張하는 所為에 國民과 더불어 糾彈하는 바입니다. 独島를 守護하고 있는 警備隊長 任을 비롯하여 隊員여러분의 勞苦에 報答하는 뜻에서 全南麗川郡三山面(巨文島) 西島里 老人堂 會長은 慰勞金으로 金五拾萬원을 送金하여드리오니 收納하여주시고 独島 警備隊長께 傳達하여 주시면 感謝하겠읍니다.

1962年 5月 朴正熙 最高會議 議長閣下께 独島附近에 出漁中인 漁船團에 國籍不明의 飛行機가 機銃射擊을 加해온 報道에 接하고 그 野蠻行為에 憤怒를 참을수 없어 建議書를 올린바있읍니다.

1945年 日本은 敗亡國으로서 聯合軍에 降伏을 하고 우리民族의 强壓政治에서 解放이되고 祖國을 찾고 領土가 還元되었읍니다.

1947年 講和條約 시에는 濟州島, 巨文島, 鬱陵島를 諸島嶼를 代表하여 領土權과 權利를 찾고 日本은 이를 明示하고 降伏하였던것입니다. 日本人들은 鬱陵島의 槻木 香木을 改良된 톱을 使用하여 恣意로 盜伐을 했다고 합니다.

鬱陵島는 陸地와 往來하는 交通船이 切實히 必要하여 伐採와 製材를 해주기로 約束을 宣伝하였으나 日本人은 自己의 妻가 病中이라는 辨明을 하고 이를 回避하고 妨害를 하는 事例가있고 바다에서 고래를 半分할것을 約束해놓고 自己들 任意로 處理하고 이를 追窮을 하자 銃刀를 携帶하고 住民에 傷害를 주는 行為 又性急한 島監 金完은 20余名이 襲擊을 하는 傍若無人의 行動을 했던것입니다. 明治三年 二月十三日 建立 倭의 標木 島崎忠造 名便에 大日本帝國 松島規合이라는 主權을 侵犯하는行為 등은 日本이 1905年 島根縣告示를 내세워 独島의 領有權을 主張하는 破廉恥를 되풀이 하고있는 것입니다.

吳性鎰 島監은 全羅道 三島(巨文島)人으로 1890年 庚寅에 就任 1896年 丙辰에 退任 (通訓大夫 ?校 文學 閔泳綺 敎旨)
1993年 西島洞 老人堂을 訪問하여 天麻洞 島老人 당시 107歲翁 의 證言으로 三島人(나의) 들은 每年 一隻 以上의 造船을 (一隻當 5兩) 하여 미역 採藿으로 年 千원 이상의 稅金을 納付하여 鬱陵島 運營費에 많은 도움이 되었다는 것입니다

獨島에서 採藿을 하고 可支魚(가제)를 捕獲하여 기름을 내어 비농사 病蟲害의 必需品으로 食糧을 忠淸道 全羅道에서 買入하면 二, 三月頃 西風의 季節에 家族들과 期約 없는 鬱陵島로 出航을 하고 離別을 하게 됩니다

鬱陵島를 往來하는데 風浪이 甚하여 遭難을 당하여 犧牲者를 想起할 수 있습니다. 食糧과 소금의 必需品을 運搬한 것입니다.

우리나라의 國防力을 强化하고 日本人들의 欺瞞과 策動을 警戒할 것을 다짐하고 鬱陵島의 無窮한 發展을 祈願하는 바입니다

1996. 3. 1

全南 麗川郡 三山面(巨文島) 西島里

老人堂會長 金柄順 (印)

No.102

鬱陵島에 進出

鬱陵島

巨文島人들은 350年을前後하여 海洋에進出하였고 東海를北上하여 멀리 元山에까지 到達하였다 鬱陵島를發見하였으며 主産物인 미역 土産物등을 西海를往來하며 松都를中心으로 商賣를하였다 義州에도올나갔다고한다
鬱陵島에 糧穀을 運搬하여 相互交流가되였다
釜山으로부터 多數의 移民을도왔다고 한다

政府發令

西紀1890年 本島出身 吳性鎰은 內務參判 徐世永으로부터 鬱陵島監務狀이 授與되였다.

日本島根縣上陸

西紀1849年 己酉年에 李聖西 金敎敏(慶州李氏) 두선비는 鬱陵島를 踏査次 航行途中 暴風으로 遭難~~하여~~ 日本島根縣伯耆에 上陸 하여 이곳住民들로 부터 많은 歡迎을 받았다고 한다
滯留三年後에는 日本人들의 따뜻한 惜別의 情을나누고 故國으로歸還하게되었다.
鬱陵島 領海를 航行하면서 많은人命犧牲者가있었다. 丑山에는 이곳金海 金氏 大代祖墓가있다고한다

기약없는 이별의 노래

여기영차 배질이야
울고간다 울는도야 ~~부모형제~~
알고간다 아리랑아
~~이별하고 이제가면 언제올거나~~
이물에있는 이사공아
고물에있는 고사공아
허리때밑에 화장아이는
돛을달고 닻 가마라

술넝술넝 배질이야
범포줄리 떠나가네
이돈을벌어서 무엇을할거나
늙은부모 봉양하고
먹고쓰고 남은돈은
남군공졀 하여보세

巨文島의 記錄

政府에 建議

西紀1962年 革命政府 最高會議長 朴正熙 閣下앞으로 建議書를 올리고 日本政府의 獨島에 對한 不當한 領土權主張을 否認하였다. 即 巨文島人들은 獨島를 往來하면서 미역 및 可知魚를 採獲하는 등 鬱陵島民의 生活圈있을 ~~根據로~~ 實證으로들어 政府를 激勵하였다

外國艦寄港

露國艦隊의 寄港은 西紀1854年 4月20日이고 뒤따라 英國 佛蘭西 獨逸 伊太利艦들이 寄港하였다

英國艦의 施設

西紀1885年 1887年 英國艦隊는 本島를 占領하고 砲台를 構築하고 要塞化하여 東南防波堤築造에 着手하였고 많은 遺物을 남겼다. 日本長崎까지의 海底電信線을 敷設하였다

金玉均先生

金玉均先生一行은 日本으로 亡命길에 本島에 碇泊하고 遇然의 傳說이 있었다고 한다 (瑞陽三日後海東朝鮮遇然) 李拙 徐便

文化財

晩悔先生 金陽祿先生은 禮節이요 橘隱 金瀏 先生은 文學으로 兩先生은 當代에 有名한 學者이시다

晩悔先生은 1880年 收稅參判 歐世永으로부터 童蒙敎官의 敎旨가 贈與되었다

現代敎育

西紀1888年 이곳出身으로 金相淳 先生은 政府의 日本에 派遣生 18名中의 한사람으로 明治大學을 卒業하고 黃海道全州陸軍敎官 警務官 監視를 歷任하시고 正三品이신 先生은 官職을 辭任하시고 西紀1905年에 愛國하는 英材敎育에 專念하셨고 廢止된 巨文鎭 ~~[illegible]~~ 建物을 政府의 許可를 얻어 移築하여 鄕里에 樂英學校 巨文私立普通學校로 西紀1905年 [illegible]

No. 105

울릉도 자료 몇가지

~~1980. 7. 09~~
1992 30일

· 1992年 울릉도를 갔을때 면에서 많은 도움을 주었다 군에서 격려금을 주었다
관광경비는 3인이 각자부담했다
· 울릉군 에 들렸다 홍보실장 군수 출장중였다 문화계장이 울릉도 역사를 중학교 교장
이 잘알고 계신다고 했다 중학교장을 뵈옵고 한고할 말슴을 드렸다
· 도간 ([illegible])는 [illegible] 시작한다 [illegible] 이 작은책자를 여관으로 보내주었다
[illegible]에 老人[illegible] 우노인이 107 才라 한다 [illegible]을 가서 우노인 [illegible]
노인의 말슴을 해주었다 우노인은 자리에서 일어났다 신문사 방송국에서 취재온 손님이
있다고 말슴하고 [illegible] 70년을 살었다고 한다 손자 50 부친은 80才에 別世했다고 한다 [illegible]들은 식량 소금들을 실고왔다고
한다 사람이 죽으면 꼭 반장을 해야 넋이 달랜다고 한다
34年 [illegible] 날을 정하고 출항할때 고사를 드리고 지내고 떠나는데 성대한 행사
를 한다 가족들고 이별하면 언제올지 기약이 없다 이제가면 언제올지 배를 바라며
울고간다 울릉도 내놓고 [illegible] 떠나가네 [illegible] 떠나가네 [illegible]
이제가면 언제오나 이별 노래가 슬퍼진다

1991年 [illegible] 국가재건 최고회의장 5.16
1992年 5月 [illegible] 秘書室長 10月 울릉도시찰
12月 大統領

이근오씨 [illegible] 울릉도에서 大[illegible] [illegible] 高級官吏와 [illegible] 물에 빠졌다 했다
[illegible] 이상

NO. 114

서도 노인회 회장 김병순님께

저희 울릉경찰서 독도경비대에 대하여 서도노인회에서 보내주신 성의와 격려에 깊은 감사를 드립니다.

저희 울릉경찰서 및 독도경비대 일동은 혼연 일체가 되어 국토의 최동단을 지킨다는 자부심과 긍지를 가지고 영토수호임무에 임할것이며 전국민의 성원과 기대에 반드시 보답하겠습니다.

이렇게 저희들에게 큰 관심을 기울여 주신 서도노인회에 다시한번 깊은 감사를 드리며 계속적인 관심과 성원을 부탁드리겠습니다.

앞으로도 독도경비대는 빈틈없는 경계임무로 책임을 완수할 것을 약속드리며 귀하의 무궁한 발전이 있으시길 기원합니다.

울릉경찰서장 회신문
및 영수증

1996. 3. 21

울 릉 경 찰 서 장 심 구 진

No. 118

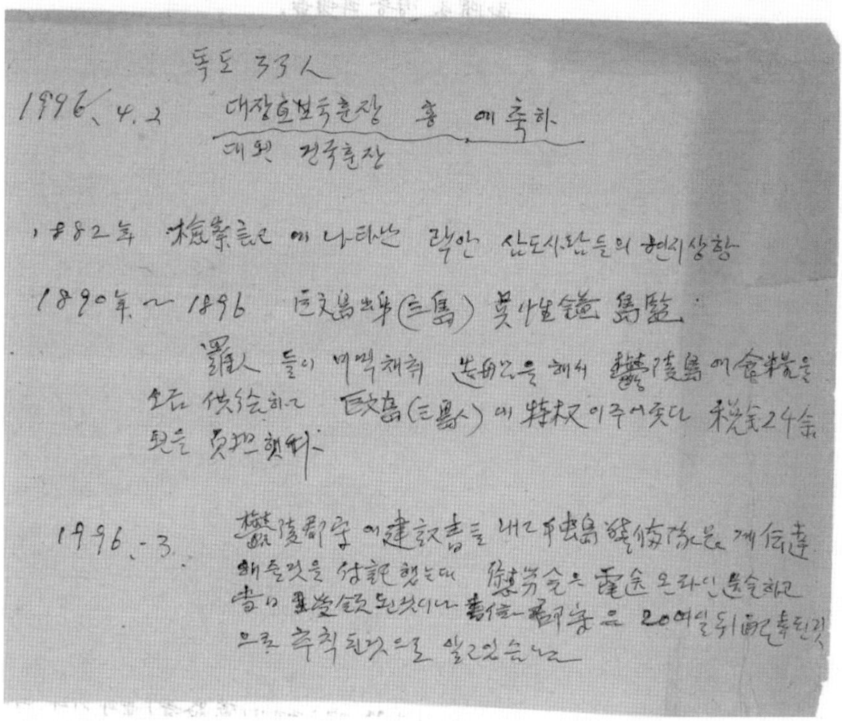

독도 33人

1996、4.2 대장[illegible]보국훈장 홍 에 축하

대한 건국훈장

1882年 檢察記 에 나타난 당시 삼도사람들의 현지상황

1890年 ~ 1896 巨文島出身(三島) 吳性鎰 島監

[illegible]人 들이 미역채취 [illegible]을 해서 鬱陵島에 食糧을 [illegible] 供給하고 巨文島(三島人)에 特权이 주어졌다 稅金24余 원을 負担했다

1996.-3. 鬱陵郡守에 建議書를 내고 [illegible] 해준것을 [illegible] 했는데 [illegible] 郡守는 20여일 뒤 [illegible]으로 추칙된것으로 알고있습니다

No. 119

鬱陵郡誌에서

1963年 6月 6日 義堂 李哲洛 謹吟

朴議長閣下 記念碑 趣旨文

東海의 孤島인 鬱陵島는 大韓民國의 領土이면서도 歷代의 爲政者로부터 버림받은 孤兒가 되어 二萬島民은 檀君의 한 피를 받은 倍達의 겨레이면서도 本土의 國民으로부터 忘却된지 오래였고 現代文明과 隔離된 生活을 營爲한지 얼마나 歲月이 흘렀던가 本島가 開拓以來 全島民의 宿願인 港灣施設과 水力發電所建設 定期交通船 就港 水産物加工處理工場建設을 爲하여 中央政府要路에 數十次 陳情建議 하였으나 거의 默殺當하고 失意속에 살아오던 中 하늘이 無心치 않아 우리 二萬島民에게도 光明希望의 새날이 찾아왔으니 이는 우리 民族을 累卵의 危機에서 救出하신 우리 民族의 領導者 朴正熙議長의 五一六 軍事革命이 아니요 去年 10月 10日 國家元首이신 朴正熙議長의 本島來訪으로 鬱陵島綜合開發計劃이 成案되고 지난 三月第十七次 閣議에서 同案이 議決되어 이미 交通船은 就航하게 되고 島內一周道路 水力發電所는 着工中이며 餘他開發計劃도 着着進行中이니 이얼마나 기쁨에 눈물겨운 일입니까 우리가 지금 朴~~議長~~正熙議長 頌記念碑를 建立코저 하는것은 議長閣下께옵서 우리二萬島民에게 배푼 恩惠의 萬分之一이라도 報答할까 하는것은 ~~議長閣下~~이요 우리 二萬島民의 작은 情誠으로 된 이記念碑가 우리島民子孫萬代의 마음의 등불이 될것이요 鬱陵島의 歷史的 記念物이 될것이다.

發起人代表 金夏佑 外 22名

1963年 7月 日 建立

(碑左側面) 千山孤條海吾東 誰是謂靈嶇仙工

日出朝陽善惡地 雲晴致雨善治公

No. 153

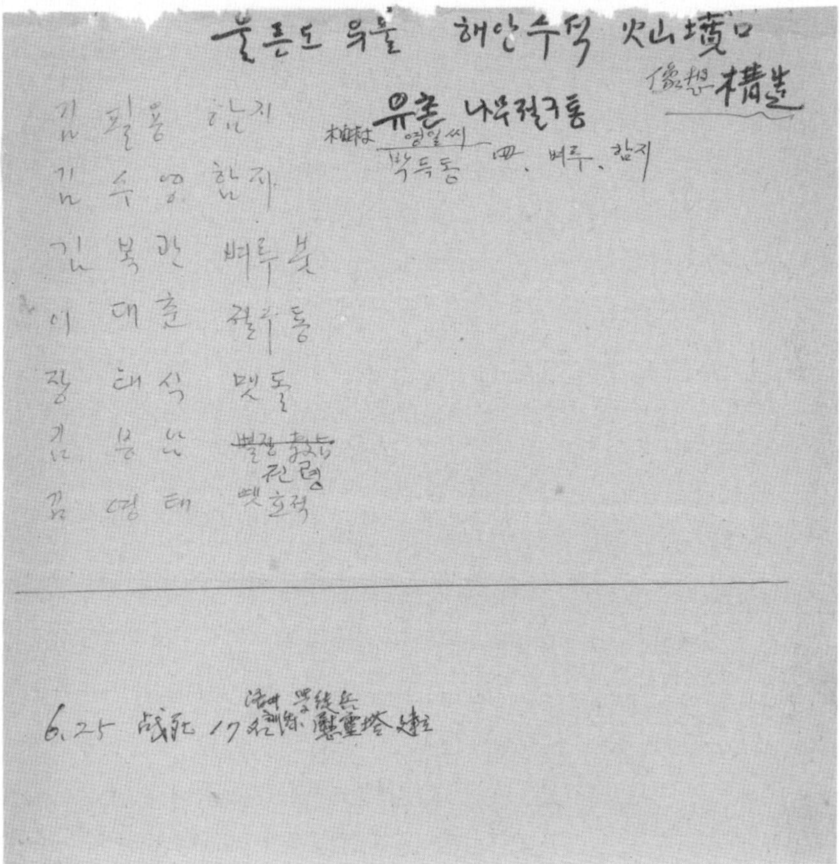

울릉도 유물 해안수석 火山噴口

像想 構造

유촌 나무절구통

柚村 염일씨

박득동 四、버루、함지

김필용 함지

김수영 함지

김복관 버루북

이대춘 절구통

장태식 맷돌

김봉산 ~~[illegible]~~ 권령

김영태 맷호적

6.25 戰死 17名 海州 學徒兵 慰靈塔 建立

No. 10

巨文島 砲台 佛蘭西艦 렌스 18[illegible]5年 後로

덕촌, 불탄峰· 望樓, 日露戰爭 [illegible]艦을 海으로 [illegible] 된다

巨文島人들의 海運界에 貢獻大, 日政時 初期 [illegible]船員 [illegible] 島人에게 여있다

二次大戰時 日本商船 6000屯 海岸으로 [illegible]

一次로 [illegible]에 [illegible]

鄭氏 鄭[illegible] 鄭奇[illegible] [illegible]敎師 [illegible] [illegible] 17代孫

金海金氏 七代祖 興陽[illegible]監 文科 조시, 仁東[illegible]使

英山金氏 武科 · 童蒙敎官

[illegible]州、 七代 도훈官

晩悔先生 ~~[illegible]津 下[illegible]~~ 一 [illegible]下生이라함 국현 [illegible] 金[illegible] [illegible] (소선생)

[illegible](長村,) 金監察, 李監察, 都正,

科擧 가는 長興에서 漢城으로 간다 李[illegible]文獻의 [illegible] 連絡人

日 [illegible] 書堂 [illegible] 船倉 水井등

巨文島人들은 海業에 從事하고 있다, 우리나라를 富强으로 이끄러가고,

鬱陵島에 生活을 求하고 이 생命을 걸고 往來하였다, 그 後裔들이다. 日本으로

건너가서 商船 海員으로 大戰時에는 그들이 같이 갔다, 오늘날 韓國의

海運業의 基礎가 이된것이다 지금 [illegible]으로 ~ 最[illegible]로가면 移住한 巨文島人

들이 다, 人口數가 [illegible]다, [illegible] 共和國 國會議員에 [illegible] [illegible]정도이다

어느 商船에 [illegible] 안는 [illegible] 자랑이되고 있다

1905年 [illegible] 日人[illegible] [illegible] 엿다.

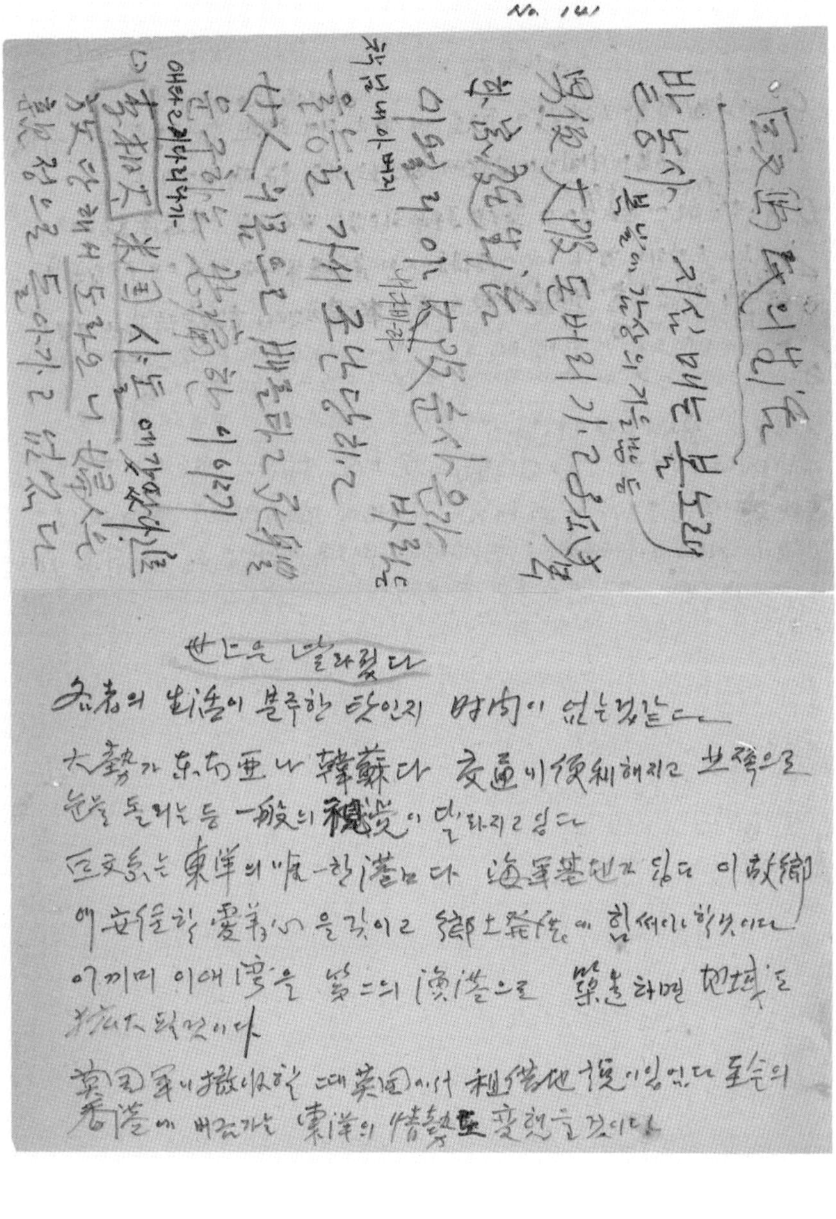
No. 141
巨文島民의 生活
밭농사 지심 매는 봄노래
世上은 달라졌다

No. 139

鬱陵島 槪要

巨文島人들은 1800年代에 鬱陵島를 往來하여 本島의 生産物인 미역 藥草 등을 運搬했었다

二三月이면 西風이 불어오는 季節이다 鬱陵島民 들은 巨文島人(나인)에 慣例로서 미역을 採取行使를 한다 乾燥한 미역·藥草는 陸地 忠淸道와 各地에서 食糧을 購買하고 交換하면 船主가 벼를加工하여 積置해두고 二三月에는 鬱陵島로 出航하게된다

島民들은 原木을 造船用으로 伐採할때는 독기로 밑부분을 半径쯤 찍어서 높은곳에 줄을매고 몇사람이 잡아당기면 통나무의 반쪽이 갈라진다고한다 다듬어서 船材用으로 쓴다고 한다

日本人들이 들어와서 몰래서 盜伐을 해 간다고한다

巨文島 사람들은 独島에서 미역도 따고 가지어를 捕獲해서 기름을 내서 農家의需用에 緊要하게쓴다 元山 城津까지 올라간다

關東地方을 航海하다가 暴風을 만나 日本 鳥取縣 伯耆에 漂流하여 日人들과 筆談으로 지내다가 돌아왔다

韓日合邦 이된후에는 鬱陵島往來가 끊어졌다

解放후 新聞報道에 接한바 國籍不明의 飛行機가 独島近海에서 漁撈中의 漁船團에 機関銃 射擊을 해왔다고 했다 人類로서 到底히 容恕못할 蠻行으로서 國家最高会議 ~~議長~~ 朴正熙 議長께 建議文을 올려서 野蠻行爲를 糾彈하였다

出鄕한 울능도를 떠난 그날

軍民에게 울능도로 떠날 때 가보르 깨촐
에 出鄕祭를 지내고 이별의 큰북소리를
동리를 들리게 북을 치고 떠나간다 (절로동에 넣고 찍는다)
갈등 個人들이 漁場을 독점하면 島民들은 生活에 위협을 받는다
西島의 뒷면 바다에 라마허가를 취지시켰다
日人 이 허가를 出願해서 番也親方
지도敎授(富成)라 운동해준다고 했다
또 또 太郞김암 말뚝에 큰 로-부를 풀었
다 漁民들의 反対에 부닷치자 50萬가量의
고-스탄을 걸고 보상 할라고 가전 年數을
다했다
西島民 李相㵀
外 數名이
노아주지 않았
고

조선일보 1999. 3. 23

No. 121

趙甲濟기자가 쓰는 '근대화 혁명가' 朴正熙의 생애

/mongol@chosun.com

내 무덤에 침을 뱉어라! □404□

제13부 內部균열

⑯ 獨島 폭파론

1962년10월29일 김종필 정보부장-딘 러스크 미 국무장관 회담에서 김부장은 도쿄에서 있었던 오히라 외상과의 요담 내용을 이렇게 설명해 갔다.

"청구권 금액에 대해서 오히라 외상은 12년에 걸쳐 총3억 달러를 지불하겠다고 했어요. 나는 12년은 너무 길고 청구권을 3억 달러 이상, 그리고 차관을 보태어 총6억 달러는 되어야 한다고 주장했습니다. 이에 대해 오히라는 3억 달러도 자신의 생각이지 수상과 합의하지 않은 것이라면서 총액 6억 달러는 비현실적이라고 했습니다. 나는 한국의 반일감정 때문에 6억 달러는 최소한의 액수라고 했어요. 오히라는 3억 달러라도 배상금으로 불려선 안된다고 했습니다. 그는 '독립축하금'이라 부르면 어떻겠느냐고 제안했어요. 나는 6억 달러는 되어야 한다면서 이 총액에 배상금이 포함되어 있다는 것을 우리 국민들이 알게 된다면 굳이 배상금이란 말을 쓰지 않을 수도 있겠지만 이 문제는 정부와 논의해볼 것이라고 했습니다."

러스크 장관과의 요담에서 김종필 부장은 독도 문제에 대한 대화도 소개했다.

"독도문제는 근자에 일본측이 새롭게 제기한 것입니다. 나는 총체적인 합의가 달성될 때까지는 이 문제에 대한 논의가 연기되어야 한다고 주장했어요."

러스크 장관은 "독도는 어떤 섬인가"라고 물었다. 김종필은 "갈매기들이 배설물을 떨어뜨리는 장소"라고 말한 뒤 이렇게 설명해갔다고 한다(1962년10월29일자 미국측 회담록).

"나는 일본측에 대해 독도를 폭파시켜버리자고 제안했습니다."

러스크 장관은 "나도 그런 생각을 했다"고 말했다. 김종필 부장은 "오히라 수상은 내 말을 별로 재미있어 하지 않았다. 그는 사회당이 이 문제로 자신을 맹공(猛攻)할 것이라 걱정했다"고 말했다. 김종필 부장은 또 "이케다 수상을 만나보았더니 그는 모든 문제는 외상이 아니라 자신이 결정할 것이라면서 장기저리 정부 차관을 1억5천만 달러 이상으로 증액하면 6억 달러선까지 맞출 수 있을 것이라고 하더라"고 전했다.

독도문제에 대해서 김종필은 이케다 수상에게 "일본은 국제사법재판소에 이 문제를 제소하는 길밖에 해결책이 없다고 보느냐"고 물었다고 했다. 이케다 수상은 "대중의 관심이 식을 때까지 이 문제에 대한 논의를 연기해야 할 것이다"고 대답했다는 것이다.

독도문제에 대해서 러스크 장관에게 한 김종필 부장의 설명은 그가 오히라 외상과 1차 회담을 가진 직후 배의환(裵義煥)수석대표에게 구술한 기록과 조금 차이가 있다. 이 기록에는 독도문제에 대해 '오히라 외상이 이 문제를 국제사법재판소에 제소하는 데 한국이 응해달라고 하였음. 김부장은 이 문제는 한일회담과는 별개문제이므로 국교정상화 후 시간을 가지고 해결하자고 말하였음'이라 되어 있다. '총체적인 합의가 달성될 때까지 연기'와 '국교정상화 후 시간을 가지고 해결'의 차이이다. 어느 쪽이든 독도문제란 영토문제를 논의의 대상으로 삼을 수 있다는 여지를 남긴 것이다.

◇방미(訪美)중 미국요인들과 환담하는 김종필-박영옥 부부.

오히라 만난 JP "獨島 폭파하면 韓日관계 풀려"

더구나 일본측이 남긴 이 1차 김종필-오히라 회담록에는 '김종필 부장이 청구권의 명분과 독도문제의 국제사법재판소 제소에 대해 양해하였다'고 적혀 있었다. 독도문제에 대한 우리 정부의 입장은 '이 문제는 한일회담의 대상이 될 수 없다'는 것이었다.

김부장의 독도폭파론은 전후(前後)의 맥락으로 보아 공식적인 제의가 아니라 기지(機智)를 발휘한다고 한 발언임을 알 수 있다. 김종필 총리의 측근인 방송작가 김석야(金石野)가 쓴 '실록· 박정희와 김종필'에 따르면 김종필의 발언은 이러했다는 것이다.

"독도 문제가 한일 두 나라 사이에 장애가 된다면 해결방법이 있긴 있습니다. 제가 한국에 돌아가서 독도를 한국공군의 연습장으로 삼도록 하겠습니다. 공군기를 동원하여 며칠간만 폭격하면 독도는 영원히 지도상에서 없어지고 말 겁니다. 그리고 우리는 후세에 대한 변명을 위해서 '독도는 일본측에서 한일회담의 미끼로 사용하기 때문에 지구상에서 완전히 없애버렸다'고 기록에 남기겠습니다. 그러면 우리 두 사람의 이름도 한일 두 나라에 영원히 남게 되겠군요"

미 국무부가 김종필의 방미(訪美) 결과를 평가하여 주한미국대사관으로 보낸 전문에는 미국측이 과격한 민족주의자로 규정하여 그 동안 많은 견제를 해온 김종필 부장에 대해 가지고 있던 비판적인 시각을 그대로 드러내고 있다.

<그는 미국에 도착한 뒤에도 미국 고관들과의 추가적인 면담약속을 요구하거나 실제로 면담하곤 했다. 그는 늘 사진사를 데리고 다녔다. 선전활동에 대단히 신경을 쓴 것으로 미루어 서울에 돌아가면 이를 정치적으로 이용할 것 같다. 그는 특히 로버트 케네디 장관과 함께 사진을 찍지 못했다는 점을 아쉬워했다. 우리는 법무장관이 사인한 사진을 주한미국대사관을 통해서 보내주기로 했다.>

11월8일, 김종필 부장은 귀국길에 호놀룰루에 들러 입원중인 이승만(李承晩) 전 대통령을 문병했다. AP통신은 김부장이 '매우 형식적이며 싸늘한 분위기 속에서 이승만 박사를 방문했다'고 보도했다. 김부장은 이승만 박사가 '고국으로 돌아올 만한 건강상태에 있지 않은 것으로 생각한다'고 말했다.

이날 박정희 의장은 김부장에게 11월12일로 예정된 오히라 외상과의 회담에 임하는 정부의 기본입장을 긴급훈령 형식으로 하달했다. 박의장은 이 훈령에서 구체적인 지침을 주었다.

첫째, 청구권 금액을 '독립축하금'이나 '경제협력'으로 하겠다는 것은 받아들일 수 없다.

둘째, 순수 변제액과 무상원조의 합(合)이 차관액보다 많아야 하며 총액은 6억 달러 이상이어야 한다. 지불기간은 1안을 6년 이내, 2안을 6-10년 사이로 하라.

셋째, 독도문제를 다시 제기하는 경우엔 이것이 한일회담의 현안이 아님을 지적하고 한국민에게 일본의 대한(對韓)침략의 결과를 상기시킴으로써 회담 분위기를 경화(硬化)시킬 우려가 있음을 지적할 것.

취재지원/李東昱 월간조선 기자
done@chosun.com

정四품(正四品)(고제) 고려때 벼슬 품계(品階)의 하나.
ⓛ 문산계(文散階) 문종(文宗)때의 상(上) 정의대부(正議大夫) 하(下) 통의(通議) 대부

独島[illegible]隊長 개 慰勞金 鬱陵郡 郡議會에 傳達을 要望
한 便紙 封套에. 金額을 같이 넣어서 付送한다는
것은 너무 소홀하면 안심이 안된다고 한다
우체국장이 [illegible] 문의를 하니 아직 그러한 취급을 하지않고
있다고 했다
나는 [illegible]에서도 鬱陵島 独島에 송금을 無等日報이
揭載된것을 하고 있어서 無等日報에서 新聞記事
로 하고 送金하겠다고 했으나 [illegible] 誌意報로 交通
이 不便하다 [illegible] 郵便物의 [illegible]을 가서
하는데 送金을 말한 후 [illegible] 해서로 送金 할수
없다고 해서 金額을 마치고 나왔다 (노인당에 사람이 없어서 [illegible] 에 올랐으나 소장이와 [illegible])
軍事務所에서 署長 앞을 便紙와 現金은 보내서 있다
주지를 했다고 한다 金額 收錄을 마쳤다

으로 시감.
行能護衛: 官階가 높고 官職이 낮은 경우 벼슬 이름을 붙여 일컫는 말.

No. 156

鬱陵島에 進出

巨文島人들은 350年을 前後하여 海洋에 進出하였으며 東海를 北上하여 멀리 元山에까지 到達하였다. 鬱陵島를 開拓하고 主産物인 미역 土産物 등을 西海를 往來하면서 松都를 中心으로 商賣를 하여왔다.
義州에도 올나갔다고 한다. 鬱陵島에 糧穀을 運搬하여 相互交易이 되었다.
釜山으로부터 多數의 移民을 도왔다고 한다.

西紀 1890年 本島出身 吳性鎰은 内務參判 嚴世永으로부터 鬱陵島 監務令狀이 授與되었다.

西紀 1849年 己酉年 李聖西 李敍敏(慶州李氏) 두선비는 鬱陵島를 踏査次 航行途中 暴風으로 遭難되여 日本島根縣 伯耆에 上陸하여 이곳 住民들로부터 많은 歡迎을 받았다고 한다.
滯留 三年 後에는 日本人들의 따뜻한 惜別의 情을 나누고 故國으로 歸還하였다.
[illegible]海를 航海하면서 많은 人命의 犧牲者를 냈다. 丑[?]고에는 이곳 金海金氏 六代祖墓가 있다고 한다.

기약없는 이별의 노래

여기 영감 배질이다
울고간다 울능도야
알고간다 아편역다[?]
이재가면 언제올가
이물에있는 이사공아
고물에있는 고사공아
돛을달고 닻감아라

술넝술넝 배질이다
범포줄 떠나가네
이돈을 벌어서 무엇을 할거나
늙은부모 봉양하고
먹고쓰고 남은돈은
님군공경 하여보세

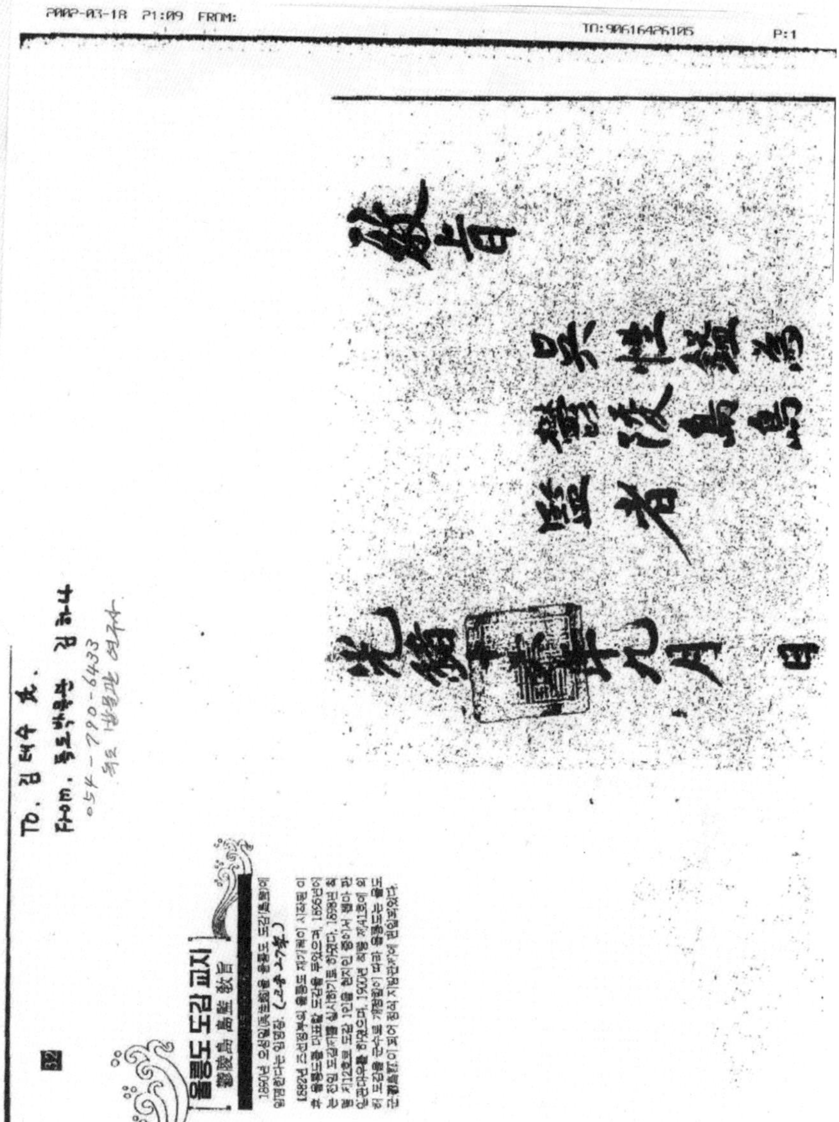
2002-03-18 21:09 FROM: TO:906164261O5 P:1

32

To. 김태수 氏.
From. 독도박물관 김하나
054-790-6433
독도박물관 연구사

울릉도 도감 교지
鬱陵島 島監 敎旨

1890년 오성일(吳性鎰)을 울릉도 도감(島監)에 임명한다는 임명장. (고종 27年)

1882년 조선정부의 울릉도 재개척이 시작된 이후 울릉도를 대표할 도감을 두었으며, 1895년에는 전임 도감제를 실시하기도 하였다. 1898년 칙령 제12호로 도감 1인을 현지인 중에서 뽑아 판임관대우를 하였으며, 1900년 칙령 제41호에 의해 도감을 군수로 개정함에 따라 울릉도는 울도군(鬱島郡)이 되어 정식 지방관제에 편입되었다.

敎旨
吳性鎰爲
鬱陵島島
監者
光緒十六年九月 日

二代祖死因 및 墳墓地에 對한 事緣

울릉島開拓次 往來途中 時期冬節의 風波로因한
水死를하였음. 其곳竹山一漁夫가 太風後라
海岸巡視途中 標流屍體를 發見 監葬을하려
고 등에지고 監葬地를探索하였으나 到處에大
積雪로 因하야 좀처럼監葬地 決定을못하고
해매이다 한곳을當到한바 無積雪地인곳이
有하야 不得不 그곳을擇하야監葬하고
遺族에連洛하였으며 其後後孫이 벌族
하고 富貴權을 누리게됨에 同墓地가 名
堂地라고 傳來됨에따라 墓直人의게厚謝하
는 勿論이오 後孫들이 継續省墓하게되
였음. 然而나 其後當地某人이 同墓地가
名堂地라고 알여지자 墓우에다 投葬하

였기 紛爭이되였으나 當時 日政時라 朝鮮總督
府法令에依據墓地處範을 認定치 못하게되여
法的訴訟을斷行치못하고 말았으며 其後子孫
에別繁榮이없음은 同墓에投葬의原因이아닐가
하는 의아中임.

彡父祖(得澤) 遺蹟

字를春卿이라稱하셨으며 英宗三十九年癸未生
純廟二十二年壬午七月十日卒
1822년
配 淑夫人慶州金氏 英宗三十七年辛巳生
(1761)
純廟二十七年丁亥九月十一日卒(壽 66歲)
(1827)
墓 鼓島長村山池洞 巳 →雀墻

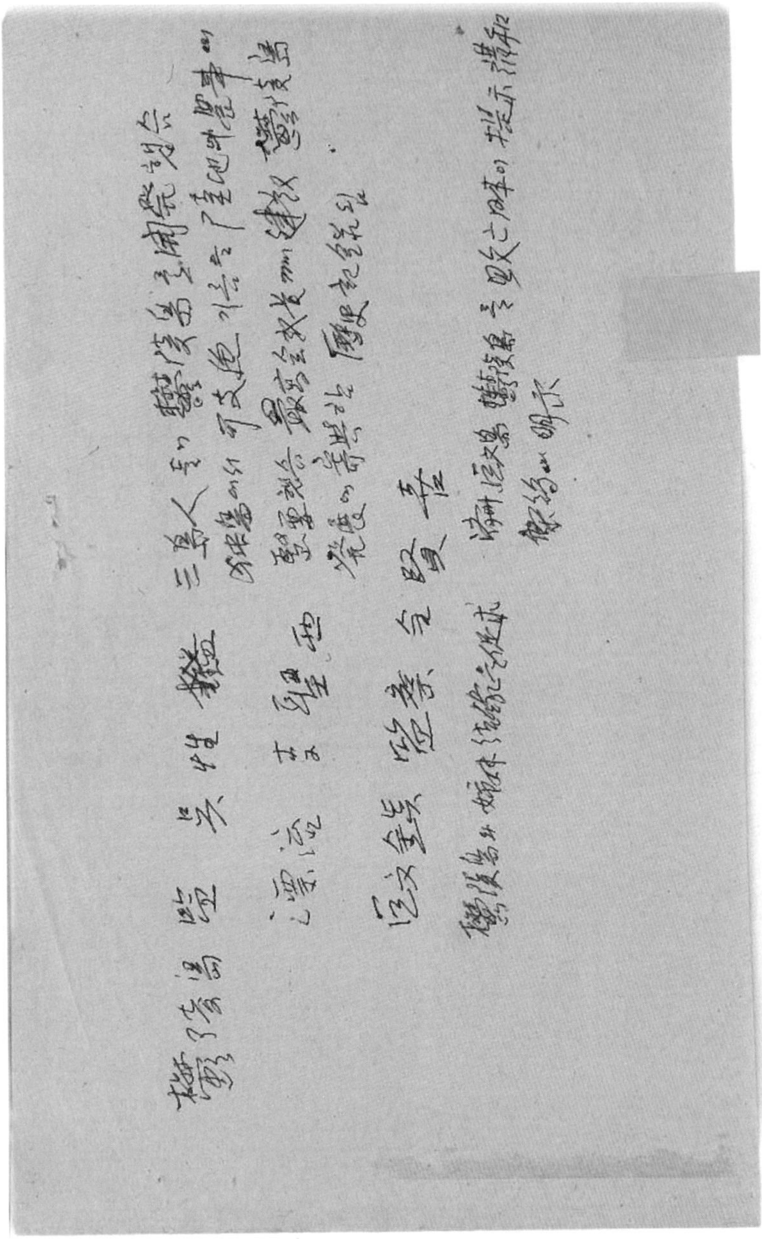

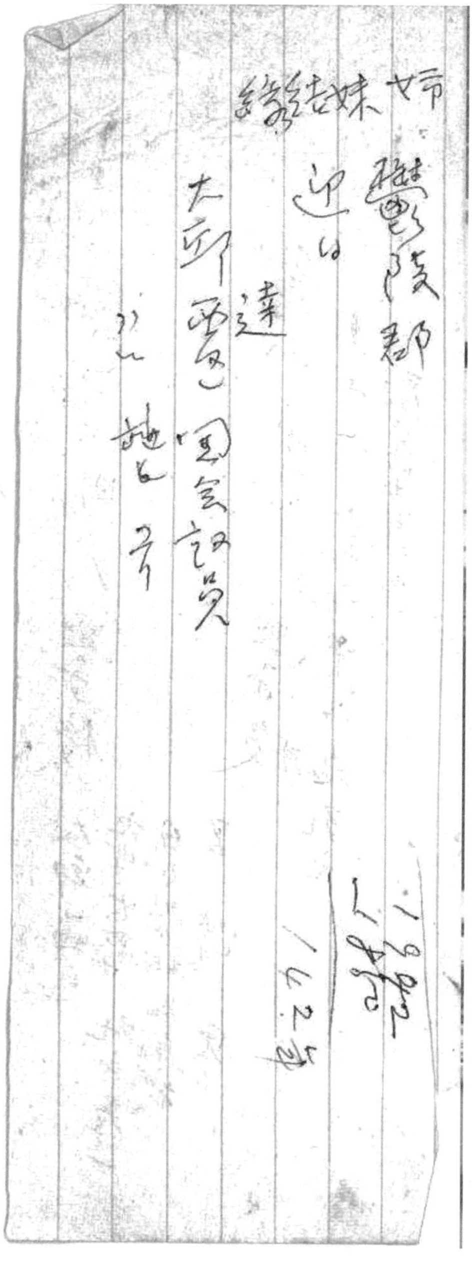
鬱陵郡
迎日
達

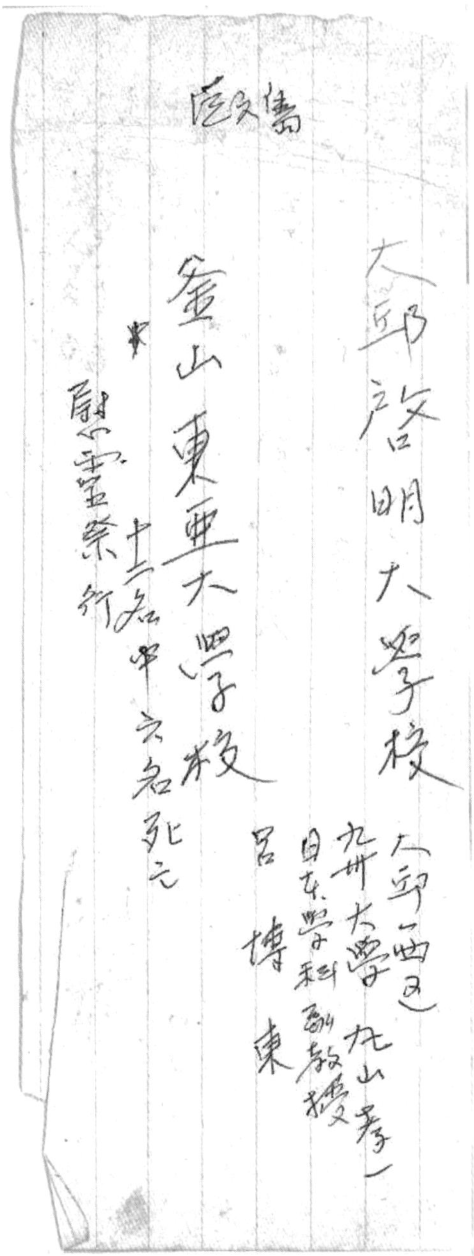
廣文集
大邱啓明大學校
（大邱西区）
九州大學 丸山孝一
日本學科 副教授
呂博東
釜山東亞大學校
＊十二名中 六名死亡
慰靈祭行

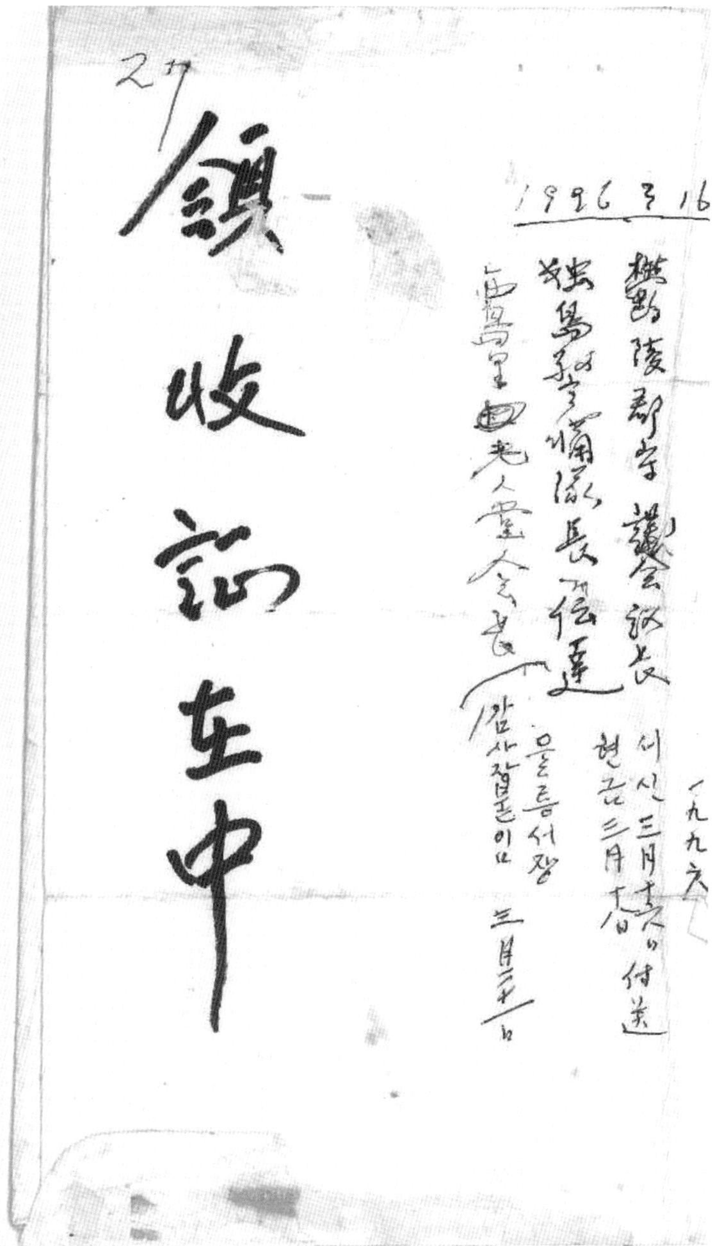
領收証在中
1996 3 16
鬱陵郡守 議会議長
一九九六
울릉서장

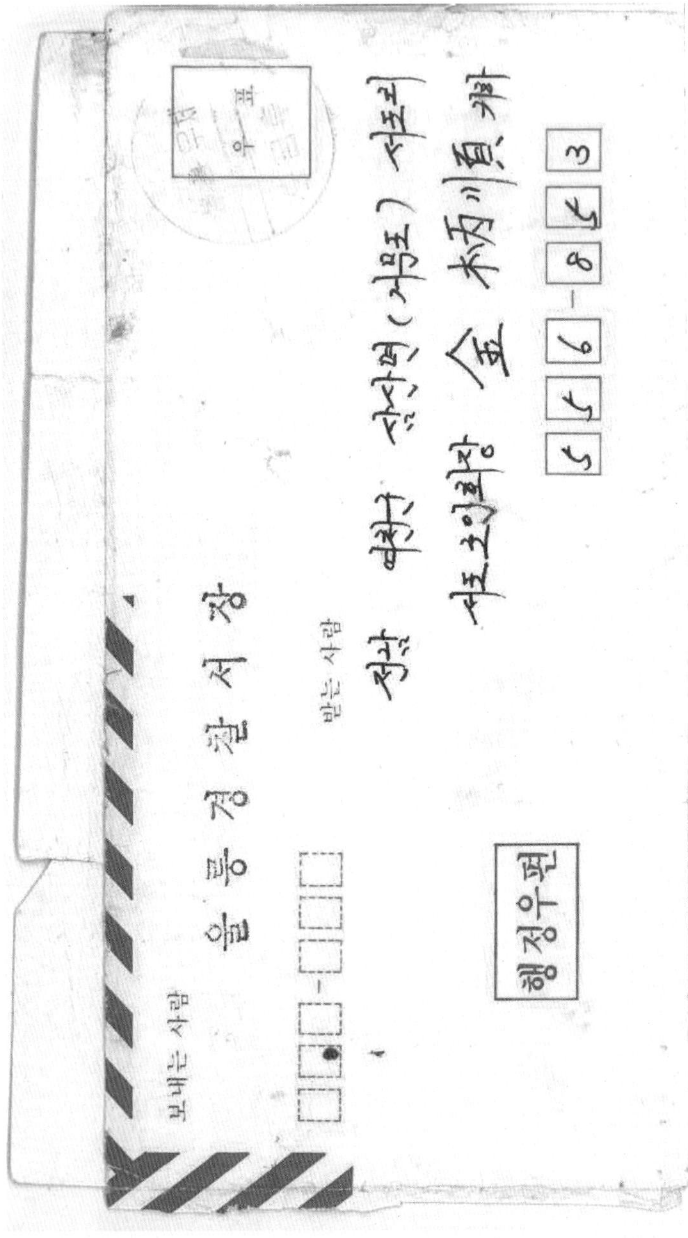
보내는 사람
울릉경찰서장
받는 사람
행정우편

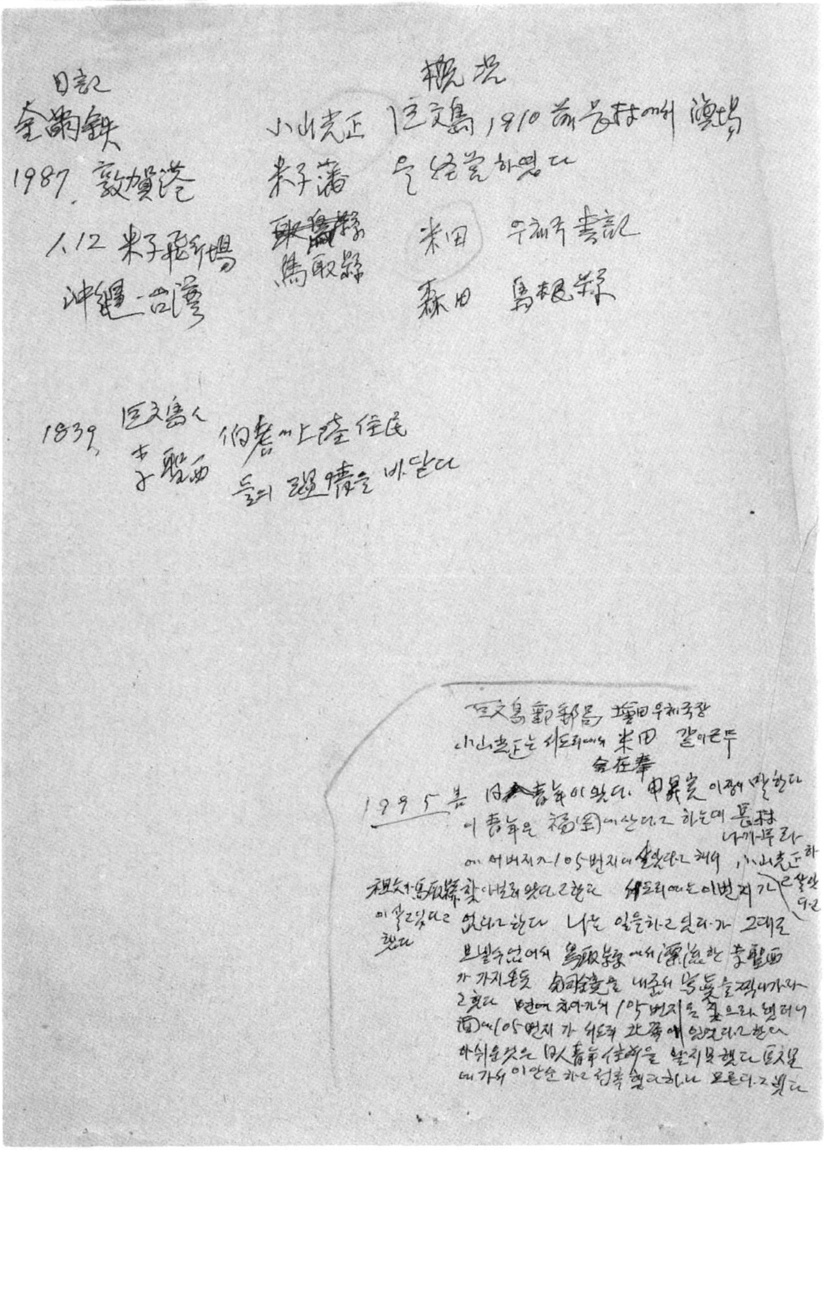
日記
概況
小山貴正 巨文島 1910 前 ... 에서 漁場
을 經營하였다
米田
森田
1839 巨文島人
伯耆에 上陸 住民
들의 温情을 받았다
巨文島 郵便局
1995 봄
이 青年은 福(岡)에 산다고 하는데
105번지
없다고 한다 나는 일을 하고 있다가 그대로

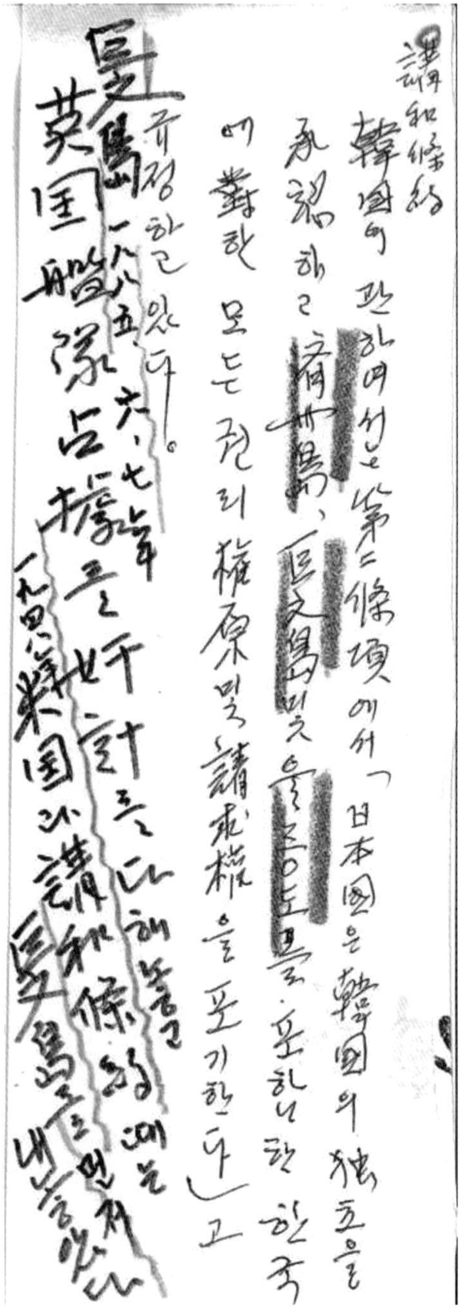

講和條約
韓國에 관하여서는 第二條項에서 日本國은 韓國의 獨立을
承認하고 濟州島, 巨文島 및 울릉도를 포함한 한국
에 對한 모든 권리 權原 및 請求權을 포기한다고
규정하고 있다.
巨文島 一八八五、六、七年
英国艦隊占據를 한 바 計를 다 해놓은 때는
一九四八年 米国과 講和條約 巨文島로 면저 내놓았다

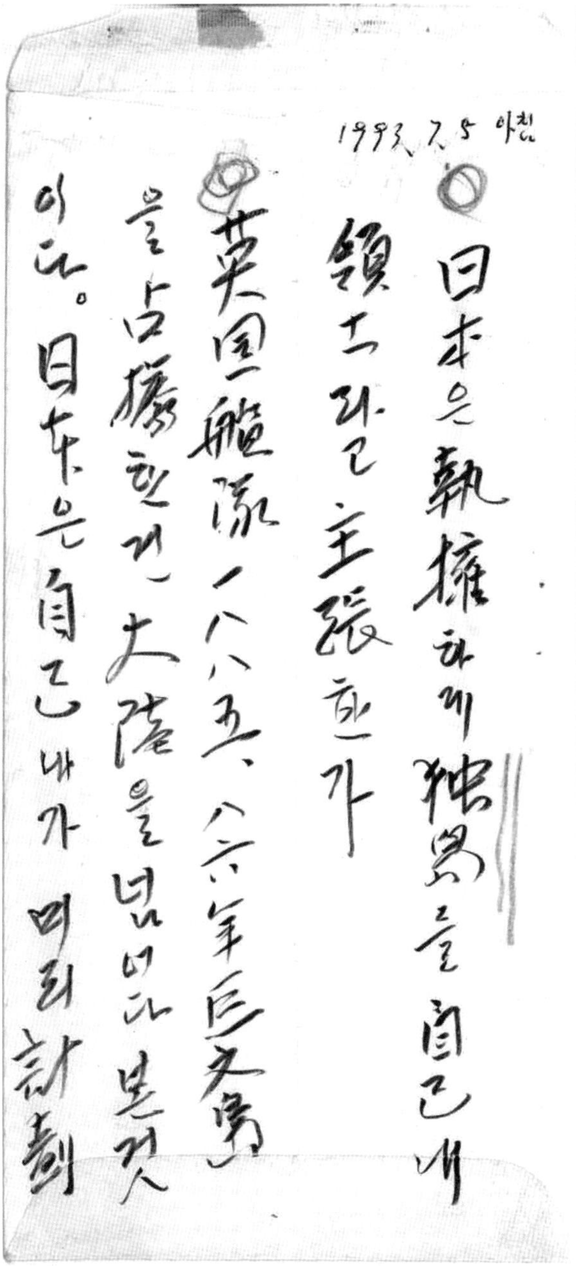

1993. 7. 5 아침

日本은 執權하미 獨島를 自己내
領土라고 主張한가
英国艦隊 一八八五、八六年 巨文島
을 占據한건 大陸을 넘어다 본것
이다。日本은 自己내가 미리 計劃

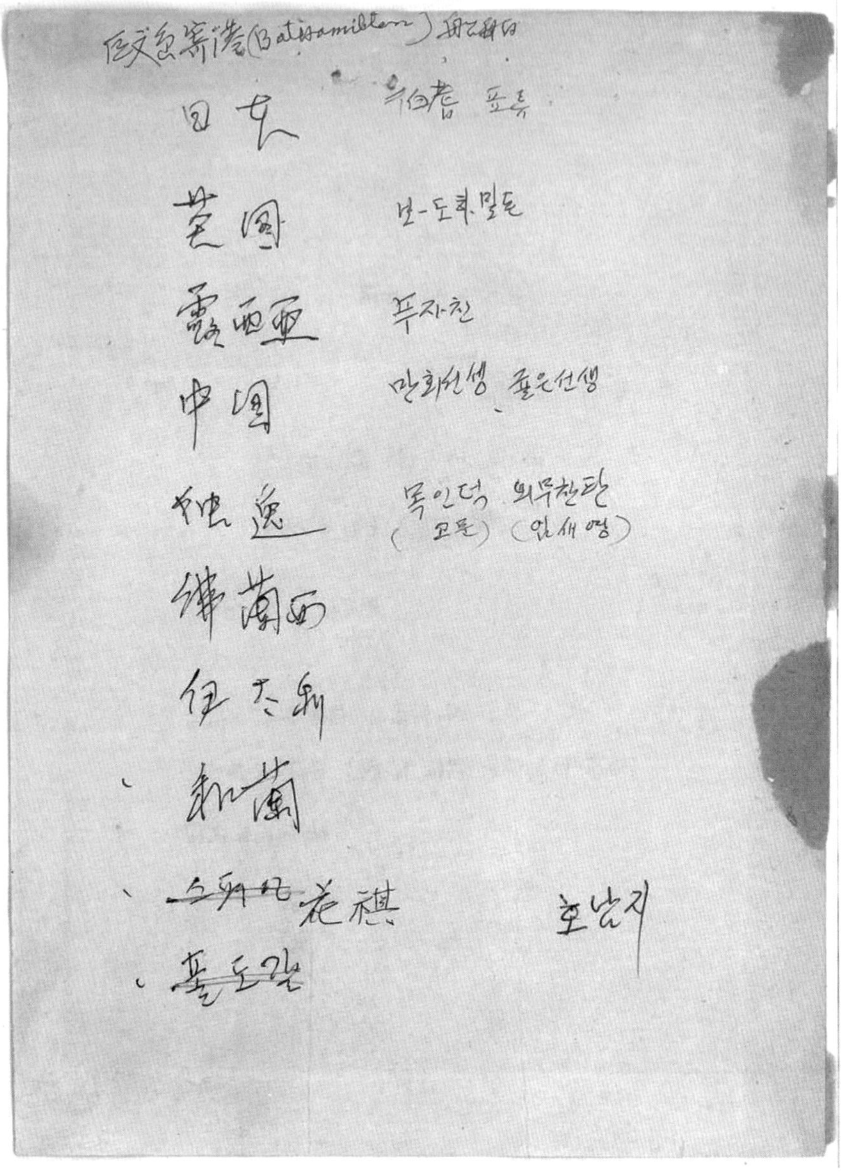

巨文島寄港(Batissamilton)

日本 유白耆 포츠

英國 보-도회, 밀톤

露西亞 푸자친

中國 만회선생, 죽은선생

獨逸 목인덕 외무참판
(고문) (임새영)

佛蘭西

伊太利

和蘭

~~스페인~~ 花旗 호남지

~~폴토갈~~

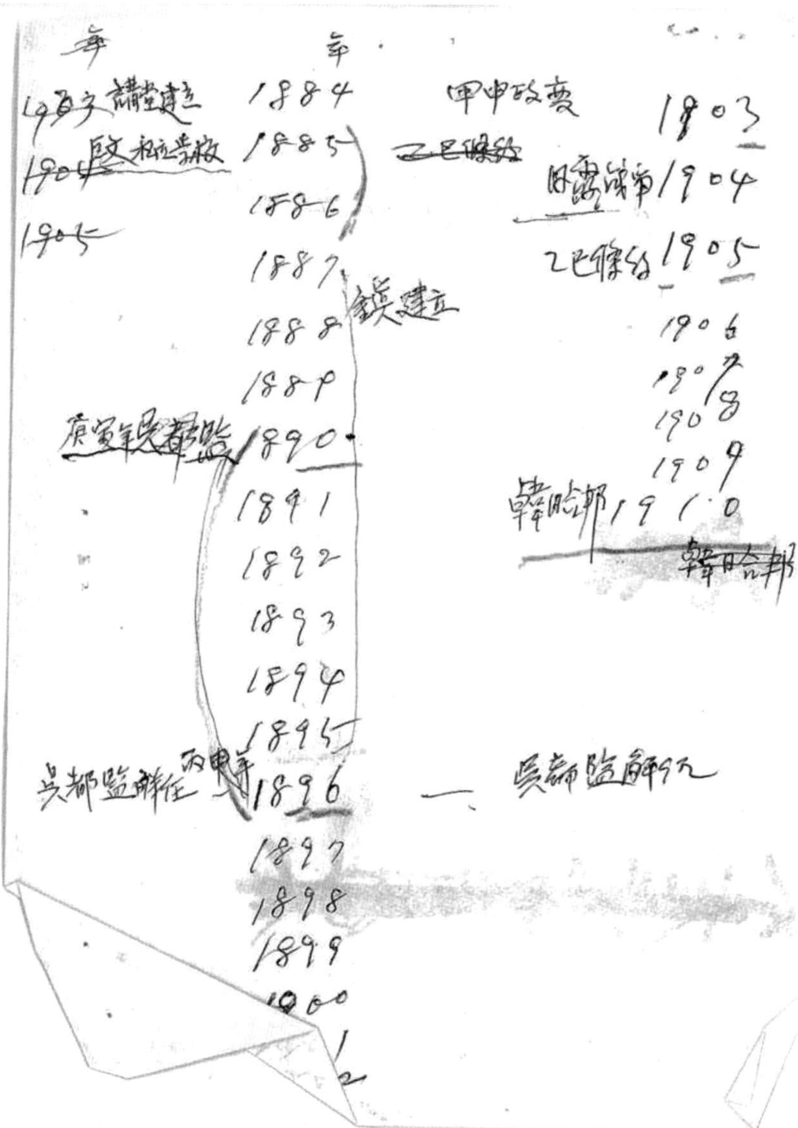

年 年

~~1903 文 講堂建立~~ 1884 甲申政變 1903

~~1904 學校 私立學校~~ 1885 ~~乙巳條約~~

1886 日露戰爭 1904

~~1905~~

1887 乙巳條約 1905

1888 鍾峴建立 1906

1889 1907

1908

庚寅年吳都監 1890 1909

1891 韓日合邦 1910

1892 ~~韓日合邦~~

1893

1894

1895

吳都監解任 丙申年 1896 — 吳都監解任

1897

1898

1899

1900

1

2

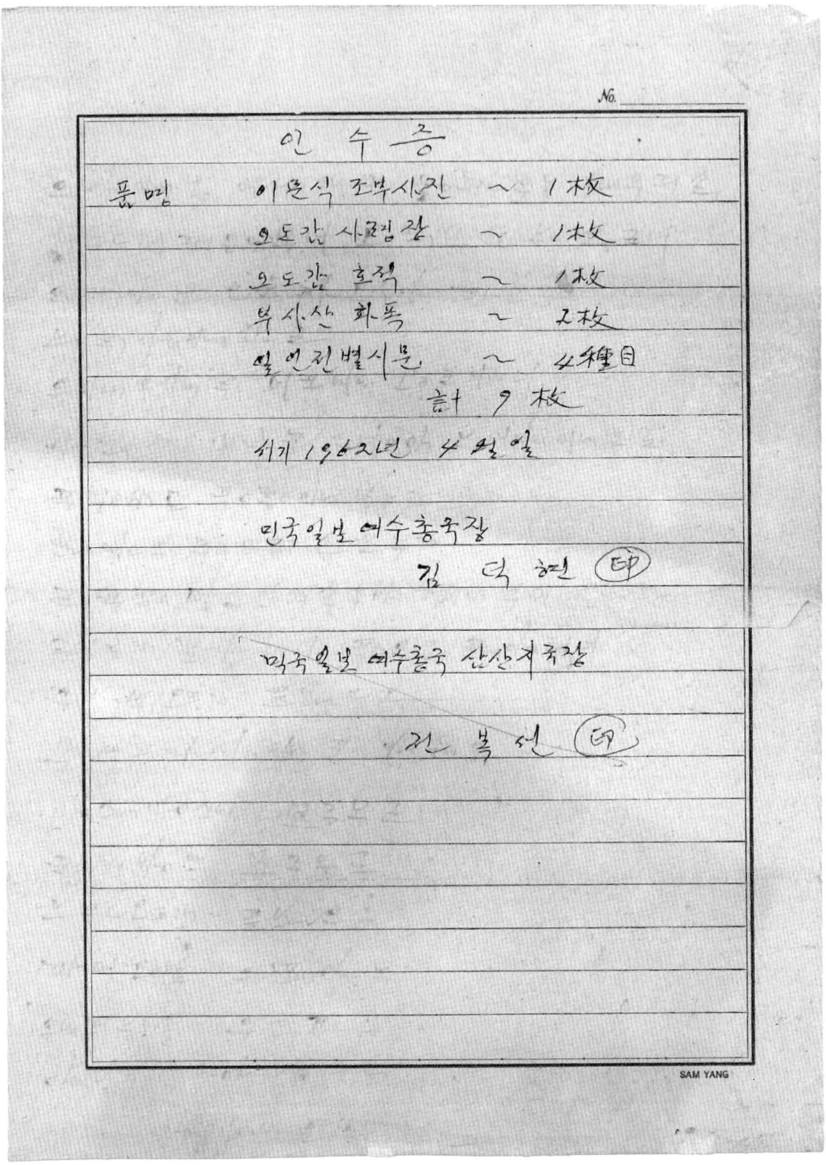

No.

인 수 증

품명 이문식 조부사진 ~ 1枚

오도갑 사령장 ~ 1枚

오도갑 호적 ~ 1枚

부사산 화폭 ~ 2枚

일연진별시문 ~ 4種目

計 9枚

서기 1962년 4월 일

민국일보 여수총국장

김 덕 희 (印)

민국일보 여수총국 삼산지국장

권 복 선 (印)

SAM YANG

市長께 市行政에 勞心焦思하시는 貴下의 健勝을 祈願

합니다 西山祠 修築되었으나 遺物館을 補修

한지 數十年이 經過되고 遺物이 腐朽되고 있읍니다

晩悔先生 金陽祿 四寸인 金社의 [illegible] [illegible]

婿 金相詡先生 又[illegible] 東京 留學時 明治大學을 卒業하시고

平安南道 陸軍教官 營務官을 任하시고 巨三島를 下久島

○ 하셨고 李舜臣將軍의 部下로서 戰鬪에 功을 세운 金世浩

14代 子孫들이 있읍니다

二次 英國 英国艦船

1885年 英國軍이 占領했던 東洋 不凍港의 港口

巨文島 東洋 最要衝 港口로 登場 했던 곳입니다

中国貨幣 葉錢이 發見되었고 現在 [illegible] 博物館에 所藏되

어있읍니다 現在 海軍基地 [illegible] 史的인 記錄을 [illegible] 되었읍니다

欝陵島 島監이 巨文島 出身이었읍니다 西島里 老人堂에서

独島 欝陵島는 [illegible] 送金한 바 있읍니다 [illegible]

監이 [illegible] 그리고 [illegible] 一次 [illegible] 島民들께 激勵 말씀을 부탁합니다

[illegible] 職員은 [illegible]

거문리 유물관 [illegible]

대 한 민 국

외 무 부

아일 700 51078 (720-2317) 1987. 12. 21.

수신 : 전남여천군 삼산면(거문도) 서도리 서도 노인당 김병순 회장

제목 : 민원회신

1. 1987년 12월 2일자로 대통령 각하께 보내주신 귀하의 의견에 대한 회신입니다.

2. 귀하께서 보내주신 건설적인 고견에 대해 우선 깊이 감사드리고저 합니다. 귀하의 의견에 대해서는 한일 양국간의 우호 친선 관계를 일층 강화한다는 의미에서 금후 외교 정책수립 및 시행에 참고하고저 하오니 양지하여 주시기 바랍니다. 끝.

발송 1987. 12. 22 외무부

외 무 부 장 관

아주국장 전결

歷史的인 大統領選擧를 앞에 두고 勞心焦思 하시는 閣下께 甚深한 慰勞 말씀을 드리는 바입니다 드림

지나온 巨文島史의 槪要를 진언바이오니 諒解을 바라고저 합니다 去11月6日 日本中曾根 首相은 閣下에 용기있는 결단으로 日本을 訪問해 마음이 오가는 단계에 발전했다고 하면서 양국우호 에 친선다 일관된 노력을 감사 드린다고 했읍니다

後任인 日本竹下 登 首相은 島根県 出身 이기에 巨文島人들의 關心을 끄는 首相 이십니다

巨文島人 들은 鬱陵島를 往來하고 居住하면서 独島에서 可知魚(가재)를 捕獲 하고 기름을 내서 魚油로 使用했읍니다

日本에서는 島根縣 公示 라고해서 竹島는 自己내 領土 라고 主張 했으나 이를 一蹴 1962年5月 政府에 建議書 를 냈아왔읍니다.

巨文島人들은 鬱陵島를 航海中 暴風을만나 遭難 을 당하여 島根縣 伯耆에 上陸하여 救援을 받아 滯留를 하면서 文筆로 對話 하고 三年을 지낸끝에 惜別의 情을 나누고 그리던 故國으로 帰還하였읍니다 (嘉永己酉1849年)

金萬鉄一家 亦時島根縣에 漂流 日本의 警備船 의 保護를 받아 母国의 품안으로 돌아왔읍니다

1984年4月20日 釜山-濟州간 카페리호 는 ~~閣下께서~~ 巨文島 海域에서 遭難 東亞大學生 死亡者 多數를 냈으며 閣下께서 巨文島에 待避港 安全施設 을 指示 하셔서 현재 950m(975m) 工程이 進捗 되고 工事는 継續 되고 있읍니다

1986年 9月16日 ~~巨文島~~ 北韓 으로부터 南派 한 金用珪氏 가 巨文島에서 自首하고 帰順 하여 왔읍니다

領收證

一金 參百萬원整 ₩3,000,000

但 上記금액은 서도리 晚海先生
祠堂建立支援金으로
위 正히 領收함

1984年 2月 日

西島里文化事業
推進委員長 金炳恒

立會人

三川 推進委員長 貴下

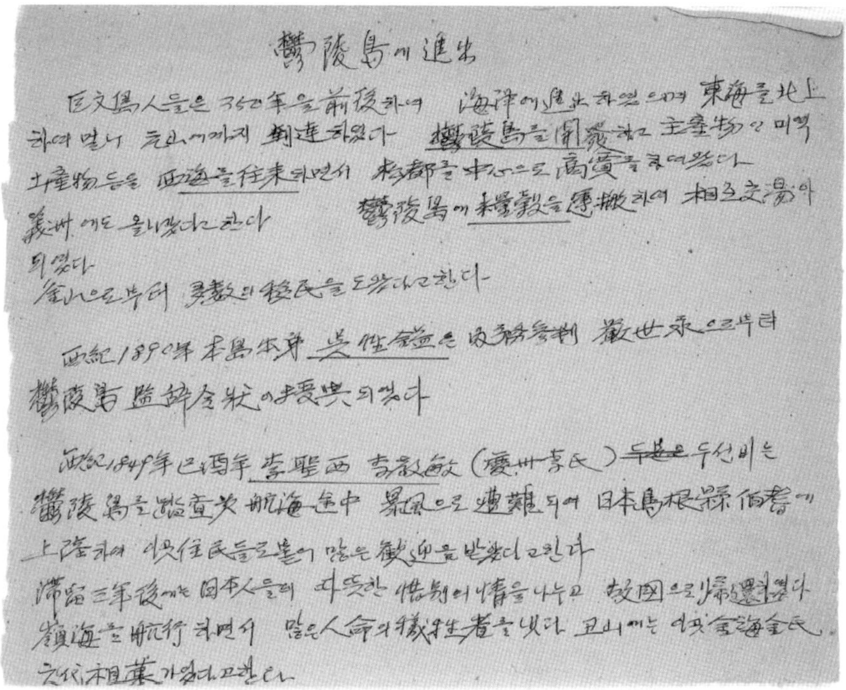

鬱陵島에 進出

巨文島人들은 350年을 前後하여 海洋에 進出하였으며 東海를 北上하여 멀니 元山에까지 到達하였다 鬱陵島를 開發하고 主產物인 미역 土產物등을 西海를 往來하면서 松都를 中心으로 高賣를 하였다 義州에도 올니갔다고 한다 鬱陵島에 糧穀을 運搬하여 相互交易이 되었다

釜山으로부터 多數의 移民을 도왔다고 한다

西紀 1890年 本島出身 吳性鎰은 內務參判 嚴世永으로부터 鬱陵島 監務令狀이 授與되었다

西紀 1849年 己酉年 李聖西 李紋敏(慶州李氏) ~~두분은~~ 두선비는 鬱陵島를 踏査次 航海途中 暴風으로 遭難되어 日本島根縣 伯耆에 上陸하여 現住民들로부터 많은 歡迎을 받았다고 한다 滯留三年後에는 日本人들과 따뜻한 惜別의 情을 나누고 故國으로 歸還하였다

嶺海를 航行하면서 많은 人命의 犧牲者를 냈다 丑山에는 그때 金海金氏 先代祖墓가 있다고 한다

巨文島의 記錄

西紀1962年 革命政府 最高會議長 朴正熙閣下앞으로 建議書를 올니고 日本政府의 獨島에 對한 不當한 領土權主張을 否認하였다
即 巨文島人들은 獨島를 往來하면서 미역 및 可知魚를 採獲하는등 鬱陵島民의 生活圈임을 實證하여 政府를 激勵하였다

露國艦隊의 寄港은 西紀1854年4月20日이고 잇다라 英國 佛蘭西 独逸 伊太利 艦들이 寄港하였다.

西紀1885年 1887年 英國艦隊는 本島를 占領하고 砲台를 構築하고 要塞化 하여 東南 防波堤築造에 着手하였고 많은 遺跡을 남겼다
日本長崎까지의 海底電信을 敷設하였다

1884年 金玉均先生一行은 日本으로 亡命하는 길에 本島에 碇泊하고 過次의 傳揚이 있었다 한다 (端陽三日後海東朝鮮過次) 李壯保便
1905年 三次部大臣 李址鎔 一行이 奉使로 渡日途中 寄港하여 橘隱堂을 參拜하고 誠金五百兩을 贊助하였다

晩悔先生 金陽祿先生은 禮節이요 橘隱 金瀏先生은 文學으로 兩先生은 當代에 有名한 學者이시다.
晩悔先生은 1890年 內務參判 嚴世永으로부터 童蒙敎官의 敎旨가 贈賞 되였다

西紀1899年 이곳出身으로 金相淳先生은 政府의 日本에 遊學生 18名中의 한분으로 明治大學을 卒業하고 黃海道 金川 陸軍軍敎官 警務官 警視를 歷任하시고 正三品이신 先生은 官職을 辭하시고 西紀1905年에 歸國하는 英材敎育에 專念하였다 廢止된 巨文鎭 建物을 政府의 許可를 얻어 移築을하여 鄕里에 樂英學校 巨文私立

設立하고
普通學校를 隣接한 島嶼民들의 子弟들로 開校하였다

二代海軍參謀總長 朴沃圭 先生은 1918年 巨文私立普通學校를 卒業
하고 仁川海員養成所를 修了한후 韓國人商船船長으로 活躍하였고
解放後에는 海軍에 入隊하여 任官되었다 우리 政府로서는 最初로 米國
으로부터 商船 高麗號를 引受하여 廻航하였으며 6.25動亂時에는
巨文島에 武器를 配置하고 敵의 侵透에 對備하였다
政府의 拿捕船을 拂下하여 巨文島 麗水간 旅客船으로 改造하고 就航
하는데 많은 功이 있다

先生은
抗日志士 金在明은 1918年 巨文私立普通學校를 卒業하고 木浦
商業學校 二學年을 修了하고 東京에 遊學한바 있다 京城刑務所에
收監中 獄死하였다 同志에는 金俊[illegible] 先生이 있다고 한다

西紀 1945年 二次大戰 當時 日本軍은 塹壕를 構築하고 陸戰隊
海軍艦艇 航空隊가 駐屯하여 敵과 一戰의 態勢에 急急하였다

島民의 6.25參戰 黃海道 避難民과 더불어 600余名은 濟州島
訓練所를 거쳐 激戰地로 出發하였다 巨文公立公民學校生徒 20
卒業生은
余名이 戰死하였다
全南警察은 巨文島로 後退하고 巨文島 四個國民學校에 收容하였다
現在의 巨文島 海軍基地 1980年 德村里 辺村里에 設置하였다
海軍部隊는 東南方의 海上防衛에 余念이 없다
西紀 1885年 1887年 英國艦隊가 撤收한후 1896年 巨文鎭(僉水
節使守防將)을 廢止한지 86年에 巨文島의 海軍防衛가 復元
하게되는것이다

續하므로 中學校 建立은 不可한 일이 였다 당시의 約束은 지키지 않았다
新築을 해야한다 功績만은 金相淳 遺志를 저버리고
山등성이에 建築한것 期成會費를 임으로 使用한것이다
初等學校 및 中學校를 中心地에 建立을 해야한다
西面의 金相淳 先生이 建立했던 教育機關이였다 卒業한者는 많다
20余名

1887年 英国艦隊는 撤收가 되었으나 三年마다 한번식 潜水艦 補助艦이 本島를 寄港하였다고 한다

日露戰争시에는 德村里 불탄봉에 望楼가 설치되었다

敗戰한 露国艦 一隻이 쫓기다가 寄港하였고 二次戰中에는 日商船 8000屯이 [illegible]되어 海岸에서 繫留하고 修理하였다

巨文島灯台 1905年 佛蘭西製 렌즈 使用으로 灯台가 設置되었다

滿州事変 후부터 中国 東南亞를 往来하는 商船은 1日 3-40隻 灯台 앞을 通過했다. 巨文島灣 태풍 避難商船이 30余隻을 算했다

1951. 11. 26 光州日報 [illegible]正昊 記

~~[illegible]~~

가까스로 英国軍이 巨文島에서 撤收하자 列強사이에서는 朝鮮을 中立国化 하자는 논의가 있었다。 이같은 好機를 놓치고 이나라는 日本에 먹혔다가 해방을 맞았다. 차라리 巨文島가 英国의 租借地가 되었던들 巨文島는 오늘날처럼 버려진 섬이 아니라 홍콩에 버금가는 영화를 맛보았으리라。 日本이 물너가고 北韓의 羅津湾은 蘇聯의 租借地가 되었다。 米國이 韓半島 방위를 공약한것을 보면 韓末의 巨文島사건은 아직도 계속되고있는 世界情勢 속의 韓国位置다。

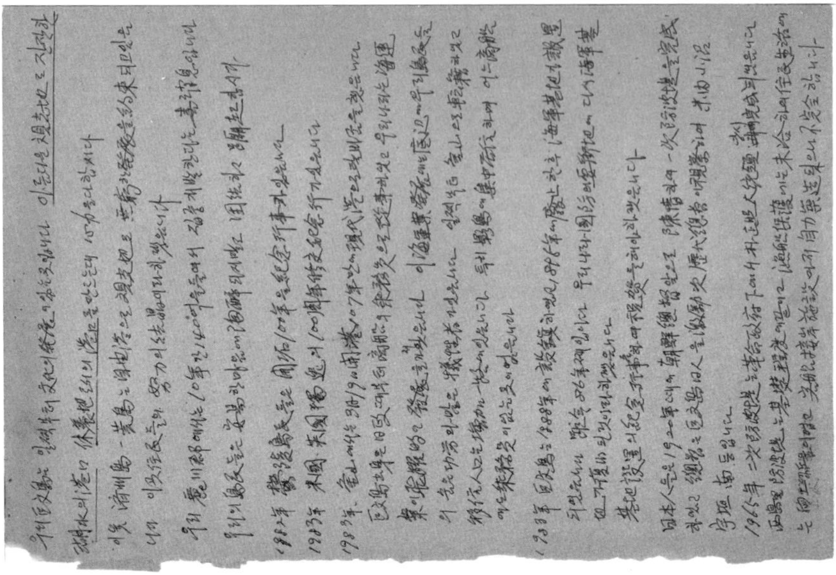

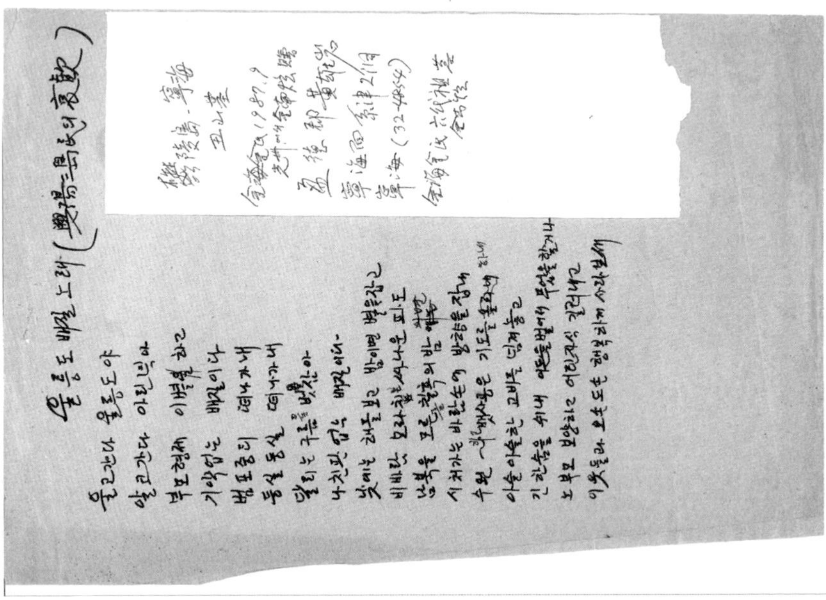

울릉도 배질 노래 (鬱陵島民의 哀歎)

울고간다 울릉도야
알고간다 아리랑아
부모형제 이별을 하고
기약없는 배질이다
범포줄디 떠나가네
둥실 둥실 떠나가네
달리는 구름을 벗삼아
나친된 없는 배질이다
낮에는 해를보고 밤이면 별을잡고
비바람 모라침은 쓰나운 파도
남북을 모르는 칠흑의 밤
시처가는 바람손에 방향을 잡네
수원 뱃사공은 기도를 올리네 하네
아슬아슬한 고비를 넘겨놓고
긴 한숨을 쉬네 어느날에 무엇을 할거나
노부모 보양하고 어린자식 길러내고
이웃들과 오손도손 행복하게 사라보세

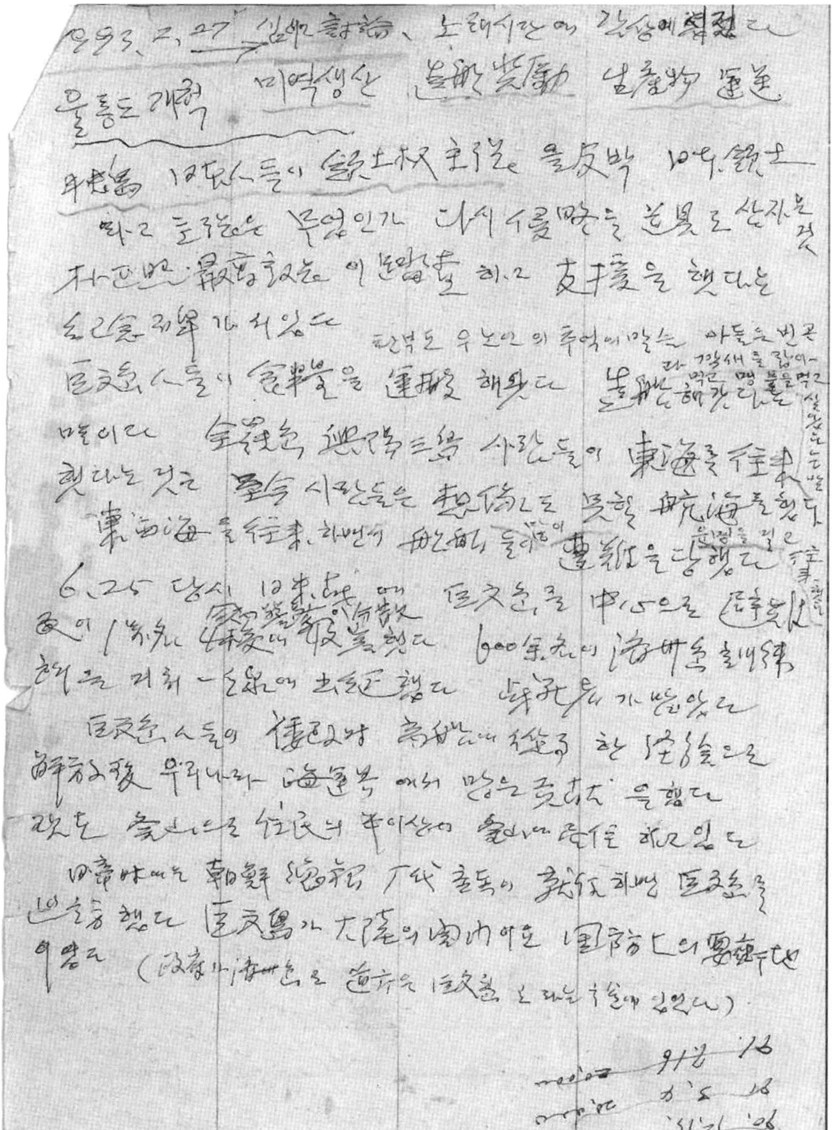
93. 2. 27 → 심야 討論, 노래시간에 [illegible] 다
미역생산 [illegible] 生産物 運送
을 통한 개척
[illegible] 사람들이 領土權 主張을 反駁 하며 領土
하고 主張은 무엇인가 다시 [illegible] 울릉도로 살자는 것
朴正熙 最高議長 이 [illegible] 하고 支援을 했다는
紀念 碑가 서있다 [illegible] 우 노인의 추억에 말은 아들을 [illegible]
巨文島 사람들이 [illegible] 을 運搬 해왔다 [illegible] 해갔다는
말이다 全羅道 興陽 三島 사람들이 東海를 往來
했다는 것은 요즘 사람들은 想像도 못할 航海를 했다
東西海를 往來 하면서 船舶들이 遭難을 당했다
6.25 당시 12歲 때 巨文島를 中心으로 [illegible]
[illegible] 했다 600余名의 海兵 訓練
을 거쳐 一線에 出征했다 戰死者 가 많았다
巨文島 사람들의 [illegible] 한 經驗으로
解放後 우리나라 海運界 에서 많은 貢獻 을 했다
지금은 全國으로 住民의 半이상이 [illegible] 하고 있다
19世紀에는 朝鮮 [illegible] 英國 군대가 占領하며 巨文島를
[illegible] 했다 巨文島가 大陸의 [illegible] 國防上의 要衝地
이었다 (政府가 [illegible] 를 [illegible] 巨文島 로 하는 [illegible] 있었다)
[illegible]

鬱陵島民은 數次陳情 歎願을 했으나 이루어지지못했는데 最高會議
議長의 意外로 島民에 恩惠를 베풀어주었다고 한다.

1980년 全斗煥 [illegible] 家族訪問 하였다 [illegible] 島根縣
에서 12隻 [illegible]에 依해 救助가 되었다 (1854年)
우리 巨文島에서 鳥取縣 [illegible]에 漂流 같은 運命으로 救助가 되었기에
[illegible] 建設을 했다. 巨文島에 防波堤 工事, 海軍營 建設, 金明植 [illegible]
[illegible] 巨文島에서 일어나가는 事情 들이기에 다시
事件을 들었다. 이것은 巨文島에서 [illegible] 友誼와 親善을 圖謀한 趣旨
記事를 보낸것이다. 韓日兩國의 友誼와 親善을 圖謀한 趣旨
에서이다. 防波堤 975m가 完成되었다고 한다.

麗水 釜山간을 運航하는 카-페리호가 遭難當했다. 東亞大
生 6명 釜山居住 6명, 12명이 溺死한것이다. 巨文島거리 4km였다.
巨文島에 安全施設이 必要하다는 金大統領이 閣議에서 指示
했던 것이다.
이로서 巨文島 灣內는 平穩하게 됐다 東風이 强해도 暴風注意
報를 발해도 念慮가 없다. 漁船도 家屋도 平穩하다.

海水浴場 建設에 대론 巨文島地域이 너무도 狹少한 곳이
다. 陸地와 海岸을 整理하고 西側(岩嚴)을 300m 造成工事를
한다면 漁港으로 第二의 港灣이 될것이다. 巨文島周邊의
바다가 훌륭한 어장터가 될것이다.

巨文島의 日本과의 位置. 英国艦隊, 露国艦 列強들의 集結.
壬辰倭乱(龍蛇之乱) 築港한 日人들을 1882年 疆域 追遣하였고
1885-87. 英国艦隊가 占領했다. 日本政府는 韓国政府
中国(宗主国)에 奸計를 부려, 英国艦隊를 撤収케 했다.
英国艦隊가 巨文島를 그대로 占有하고 있었다면, 日本의 侵略
을 막을수 있었을 것이다. 英国政府는 租借地로, 또는 石炭
貯蔵所로 使用할 것을 懇請했으나 日本人의 奸計로 撤収
를 했던 것이다.

1800年代
巨文島人들은 東海바다, 西海를 누비고 다녔다. 鬱陵島에서 미역을
採取해서 商品化하고 造船所를 数個所를 (設置) 만들어서 이 造船으로
食糧을 運搬하여 드리고 했다. 사나운 파도를 헤치고 往来하는등 많은
(1945年 日本은 聯合軍에 敗戦国이 되고 解放되고 領土로 返還되었다)
犠牲者를 냈다. 鬱陵島, 独島를 國籍不明의 飛行機는
漁撈作業을 하는 船団에 機銃掃射를 했다. 이 野蛮行為를 묵과
할수없었다. 鬱陵島 経済를 도와서 울릉도 生活에 큰 도움을 주었
다. 先祖들의 行績을 探査次로 鬱陵島에 가서 激励金
을 주었다.
1962年 5月 朴正熙 最高議長앞으로 建議書를 냈었다.
" 10月 最高会議長은 鬱陵島를 視察하고.
63年 7月 紀念碑 建立 鬱陵島 開発에 着手 一周道路, 航路開設, 防波堤
水力発電. 発電所.

鬱陵島와 獨島

巨文島 — 附

1962年 5月 最高会議議長 朴正熙께 建議書

獨島附近에 漁撈中인 船団에 銃射擊 報道에 接하고

울릉도 1962年 10月 10日 朴正熙最高会議長 鬱陵島視察

1963年 7月 紀念碑建立 島民一同

1973 — 水?? 1500ㅁ 決定 里民의 反対로 挫折 해괴한 사건이다

1984年 카-페리호 遭難 全大統領 巨文島에 安全施設을 指示

○ 金用珪 海軍基地에

○ ~~[illegible]~~

1987年 大統領選挙로 출마한 李聖西 候補 島視察.

漂流日本人의 救助에 対한 感謝 李聖西

金用珪와 ~~[illegible]~~ 海軍基地 佰? 漂流 日本人의 救助에 対한

一層 友誼와 親善에 努力하는것을 要望함

日本人의 救済에 対한

~~[illegible]~~

여수 港湾庁 姉妹 1978年 ~~[illegible]~~ ~~[illegible]~~

(1980)

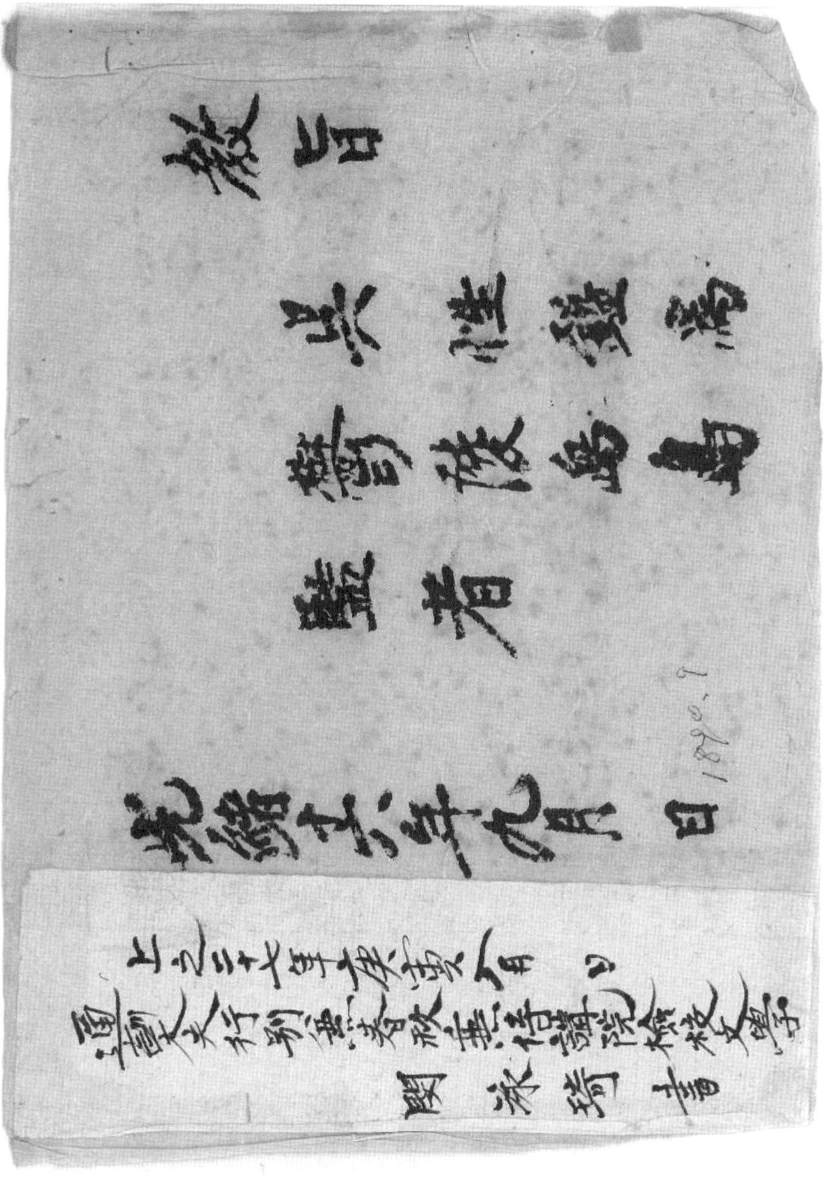
敎旨
光緒十六年九月 日
1890.9

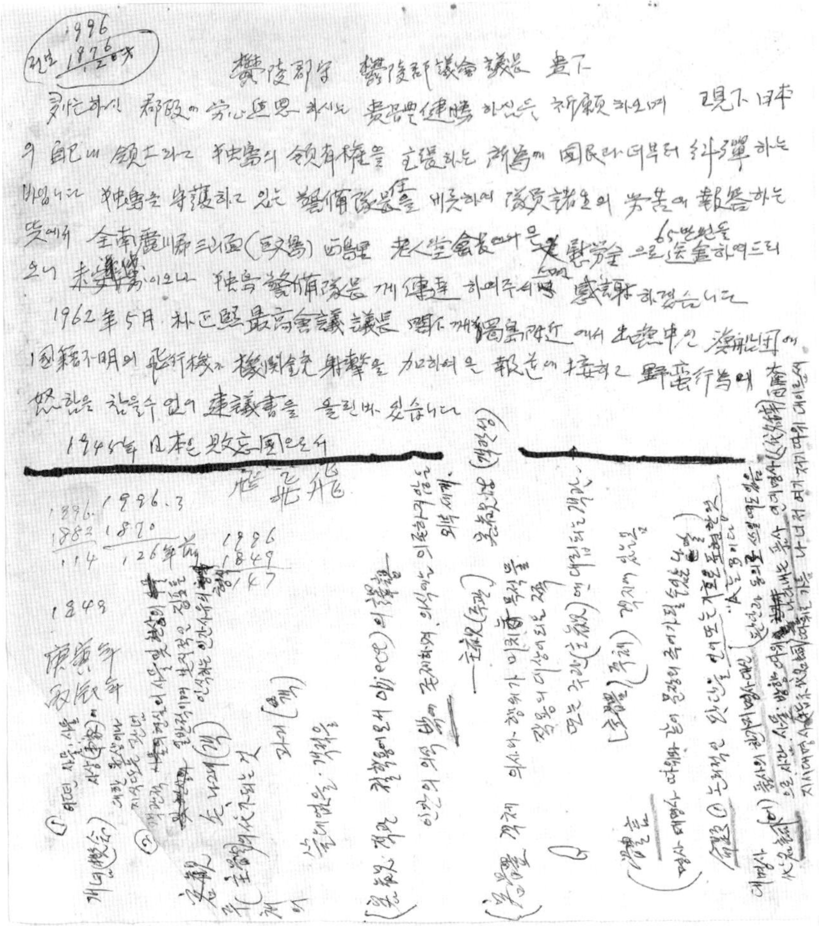

1996
전보 1876

鬱陵郡守 鬱陵郡議會議長 貴下

烈忙하신 郡政에 勞心焦思하시는 貴體健勝하심을 祈願하오며 現下 日本이 自己네 領土라고 独島의 領有權을 主張하는 所為에 國民과 더부러 糾彈하는 바입니다 独島를 守護하고 있는 警備隊長을 비롯하여 隊員諸君의 勞苦에 報答하는 뜻에서 全南麗川郡三山面(巨文島) 西島里 老人堂會長에서 65만원을 慰勞金으로 送金하여드리오니 未安하오나 独島警備隊長께 傳達하여주시면 感謝하겠습니다

1962年5月 朴正熙最高會議議長 閣下께 獨島附近에서 出漁中인 漁船團에 國籍不明의 飛行機가 機關銃射擊을 加하였은 報告에 接하고 野蛮行為에 奮然함을 참을수없어 建議書를 올린바 있습니다

1945年 日本은 敗戰國으로서

1996.3
1870
126年前

1996
1849
147

巨文島問題 日人들의 侵略 鬱陵島 盜伐 [illegible]

巨文島 警備隊 [illegible]會의 到着되니 [illegible]의 書信이 來到됐다
그 意味는 [illegible]지 모르나 朴 最高議長께서 巨文島 [illegible] 에서 보낸
書信이 5月20日이었다 碑文에 1962年10月10日에 議長께서 初視察
된 것이니 10.9.8.7.6. 6個月後이니 偶然한 일이 아니다라고
[illegible]할 때 建議書와 連絡이 된 事業이라면 鬱陵島
巨文島가 連絡이 되는 것이다 옛날 巨文島(고흥)의 東海바다를 이뤄
은 航海를 克服했다는 經驗있는 일이라고 [illegible] 말하는 것을
듣고 島民의 [illegible]들과 마을이 甚했다 同鄕人의 [illegible]들 순기에 傷
을 加했다는 것이 [illegible]人이 ~~[illegible]~~ 90年 歸鄕했고 英國船에
上海는 [illegible]했고 보낸 것이 아닌가 생각된다

英國의 野望, 英國艦隊 巨文島 占據와 [illegible] 占據했고
日人들의 英國警察가 撤去한 것을 [illegible]했다
露西亞 佛蘭西 獨逸 伊太利 和蘭 世界列强이 大陸에
눈을 돌리고 있어서 列强들이 巨文島에 寄港했다
日人들은 英國艦艇이 撤去하기를 바라고 있다 日人들은
朝鮮을 通해서 中國侵略을 꿈꾸고 있었다 英國艦이 撤收
하는데 [illegible] 術數를 쓰고 있었다 巨文島는 [illegible]히 出入했다
英軍이 撤去하자 滿州에서 安重根은 銃彈에 伊藤博文이

東洋戰 뒤에 韓國은 日人들의 占領과 植民地로 되고
말았다

英國軍은 大陸侵略의 꿈이 깨어졌고 日本은 韓國을 植民地로
二次大戰이 이르렀다.

巨文島는 荒廢이 되고 말았다 英國軍이 數年만 더라도 滯留되었다면
第二의 香港이 되고 韓國은 强國이 되었을 것이다

世界列强이 通告한 紀念碑를 세운것을 希望하는 것이다 巨文島의
存在한 標示가 있으면 將次의 巨文島、韓國의 意圖가 이루어질 것이다

~~7월~~ 11월 29일 여수에 대표구리시 9시

1995.11.30. 김동수 본신 사망을 알았다 DATE NO.

~~늦게까지 나에게 얘기 있다가 유성여관에 들어서 林春[illegible]이 밤 6명 [illegible]에 들어온다고 한다 (유두일)~~

박면장이 들어왔다고 한다. 302호실 3층에 있다고 해서 만났다고 했다 우에서 내오고 있다. 이발소에 머리를 다듬는다고 해서 가라고 했다 나보고 다방에 있으라고 해서 다방에 있은즉 들어온서 이발사가 없다고 했다 조취현의 발표하는 말이다 나가 공공사업에 쓴다고 걸약을 하고 800만원을 받드렸다고 했다

울릉도를 탄압했던 이야기를 했다 오도간이 울릉도에서 7년간 지났다고 말하고 거문도 사람들이 울릉도를 개척했다고 했다 박면장은 개척한 말은 함부로 쓰지 말라고 한다 거북한 말이다 그쪽에서 볼 때 모욕적인 말로 자존심을 건드린 말이 된다 함부로 말을 해서는 안된다 그러나 나인들이 불질을 하고 배엮을 작각해서 육지에 파는것이다 그 세곤부안에 각 [illegible] 세곤을 수 [illegible] 냈다 하니 울릉도 운영에 쓰였던 돈일 것이다

[illegible]郡守 [illegible] 朱[illegible] 金[illegible] 先生의 [illegible]女 孝子의 家門이다 [illegible]이 울릉도 材木으로 建築이 되어있는 建物인데 補修工事를 하려고 했다 그런데 나가 그집을 맡을 형편이 못되어서 [illegible] 한 것이다. 지금 생각하니 후회막심 하다

[illegible]에 [illegible]한 [illegible]에 [illegible] 총격을 해온 것이다 이것은 우리나라 영토를 [illegible] 시킨것이었다 [illegible]에 울릉도 거문도 [illegible] 내 울고 강화조약을 했던 것이다 이 [illegible] 보도에 접하고 (조선일보) 청회대에 건의를 했던 것이다 5대가 後 朴[illegible]의 울릉도를 가서 울릉도가 개발이 된 것이다 울릉도 문화를 생각 안할 수가 없다

오늘 郡 文化係에 들리니 [illegible]의 이래 왔더라고 한다

1845년에 英國 [illegible]에서 [illegible] 거문도를 침략했던 것이다 [illegible] 이 거문도 [illegible]을 침략했던 다음 러시아가 오고 [illegible] 花[illegible] 도 떠오리지 않아서 [illegible] 말했다 ([illegible])

郡 文化係에 나가 노인회장 명함을 주었다 이 紙面에 나의 名啣을

물어보았다고 했다 복권이고 팔수없다고 했기에 이장은 개발위를 다시 개최해
서 부지를 결정하라 할것이다 라고 했다

DATE NO.

(9시半)

2月12日 月曜日 曇天 이불이왔다
7時30分 서산재에서 운동을 했다
민숙이 왔다가 점심먹지 않았다고 물어갔다
면서기가 농협부채를 갚을려는다 다가 거문리 가면 지불해주라고 한다 거문리에는
가야할것이나 오늘은 갈수가 없다 이사무소에 간중 돈보낼 사람이 없으면 내가 융행이라
도 하겠다고 했다 거문리 갈사람이 없어서 부탁했다고 한다 나는 그부채 말을
구체적으로 듣지못했기에 이자지불 정도로 보았다 아내의 말인즉 순천서 진우가
집값받은 돈을보내어 농협부채를 청산할것이라고 한다
이장이 김복수가 한사람을 데리고와서 전적을 낸다고 한다 그런데 ㉠ 설을 쇠오온다
고 한다 따라서 이장다려 거문도 드러온 사람 2인 경비를 10만원을 부담해주라
고 했다 한다 이장다려 안복권이에 전화를 해서 부지를 매도를 하자고 했으나
매도를 안하겠다고 한다 하더라고 말해주었다 이장은 한차로 청년회를 널어서 군에서
3500만원 지원한다고 했으나 이사무실 건축을 할것을 결정짓겠다고 했다
보육간터 앞에 도방부지를 합쳐서 부지로 만들면 부지가 좋을것이라고 했다
日本서 울릉도 독도를 일본 영토라고 독도에 접안시설 80여를 축조한다고 했다
일본사람들이 못한다고 이의를 발하고 있는 모양이나 우리정부에서는 ㉠ 어처구니 없는
망언이라고 이를 부정한것이다 우리巨文島는 울릉도 獨島 를 [illegible]때 一쳣로
領土로 분쟁한것인데 이古文書에 거문도가 뚜렷이 나타난것이니 日人들의 領土를 固고 내평토
라고 主張한것은 이치에 맞지않는 말이다 3.1節에 巨文島에서 行事을 擧行 한다고
하니 우리巨文島는 鬱陵島에 居住해서 미역을 따고 앙초를 파서 오고 造船을 1年에 한척
을 만드러 왔다 울릉도 운영비를 부담해서 경제를 도와왔다 吳錫弼은 庚寅年에서 1936年
[illegible] 가되지 [illegible] 한것이다 日本人들은 울릉도에 표말을 만드러 세우고 日本人集落
을 이루고 [illegible] 林木을 盜伐 했었다 吳島監은 [illegible] 20여명이
侵入했으나 吳島監은 [illegible] 해주었다

(9시)

2月13日 火曜日 曇天 7時半 서산재에가서 운동을 했다
9時 나룻배로 거문리에가서 면사무소에 들어 예수 교수에 [illegible] 에서

본면에 전입한것인데 직원 산업계장께 부탁했는데 도장을 보내오지 안왔다
오늘 10여일이지났는데 출신해왔다 면장이 오도록 말을냈다 實業科
에 就任했고 校長年에 辭任歸鄕했다 울릉도 [illegible]에 있었으나
獨島 외는 별로 資料가 없다. 우리 三島人들이 獨島에 가서 可知魚를 잡아
서 기름냈다 농가에서 귀중하게 사용했다. 미역도 땄다는 자료를 들어
政府에 建議書를 냈다 朴正熙 最高議長께 냈다 秘書인 金斗煥 室長
이 回信을 보내왔다 金斗煥 前大統領이 [illegible] 하고 있다.
秘書室長이였다.

水曜日 曇天
2月14日 7時30分 서산사로 갔다 어제저녁은 늦게까지 獨島 안건을
記錄했다 그런데 獨島에 偵察機가 機銃射擊 한데 朝鮮日報에
報道되자 政府에 建議書를 냈다 그러나 朴最高議長 앞으로 建議했는
데 秘書室長 金斗煥氏가 回信을 해온것이다 1962. 5月 返信
面長이(朴[illegible]) 獨島 資料를 보내주라고 해서 나는 거문리에서 건너와서
資料 보낸것들을 서울갔다 金斗煥氏가 秘書室長으로서 回信이왔기에 좀
저주하게 안을수없다고 생각했다 15日 卒業式에는 면장도 참석할것을 알고 15일에
여러분에게 보이고 또는 獨島가 울릉도 [illegible]와 大韓民國의 代表의 [illegible]이기
한 [illegible] 사건이었다 [illegible]하고 여러분과 같이 관심을 가져야 할것이다
서로 이야기 그서도 [illegible] 알고있다 그러나 면장은 부탁만하고 보통으로 관심은 [illegible]
할까 하고 마음먹은다

木曜日 안개가 자욱하고 北風이 불고있다 (10時에 본 소망)
2月15日 曇天 7時半에 서산사로 갔다 *10時에 학교 졸업식이 있어서 마음으
로 축하를 한다 화장실에 갔으나 힘만썼다 10분을 두고 학교로 가는 도중에 거문리 면장
이 출장 으로 보낸다 면장이 오지않는다 총무가 대신 으로 온다고 했다 사이가 좀 되어 다
고 학교로 갔서 학교 계단을 올라서 사무실에 들어갔다 학교 교장이 나를 마중해준다.

기-피를 먼저 대접받았다 해군기지에서 기지대장이 이번에 전입해왔다고 인사를 나누었다

차분한 자리에 앉았다 한림에서 온 소장 해군에서 부평 소령이 오고 기지 방장도 왔다

이동렬 이대호 이도울 회였다 서도리 항장 경찰소장 우체국장 도오고 상운 성회 추산회 직원이 왔다. 우리동의 [illegible] 이귀순

오늘 면장이 참석하면 울릉도 독도 일본이 영토주장을 하고 있으므로 울릉도간 이어동의 사람이고 우리동의

사는 들이 울릉도와 교류해오고 바다를 왕래하는데서 희생도 많다 [illegible]을 끝내고 [illegible] 울릉도

가 [illegible]조약때 日本이 [illegible]을 먼저 내놓았다. 또 62년에 국회[illegible]의 방향가 독도근처에 어로연단에

[illegible] 시켜을 했기에 이것을 보도상항을 最高会議議長께 5年 [illegible]를 냈고 1回[illegible]에 있었다 이러한 물을 면장

께 줄것인데 [illegible]이라한다 친석한분에 보여주었다. 저녁때 동주집에 갔다 (3時頃) 민족총무가 왔다

저녁에 会議를 한다고 나오라고 했다 8時경에 이상열 임영호 김종근 박평수 김성종이 나오고 광석모 회원모 천인이 나왔다

2月 16日 金曜日 曇天 北風이 날씨가 차렸다

(3千五百만원 결정에)

어제저녁에 신승완이 와서 새마을회관을 건축한데 이장이 여수에 나가서 군수께 인사라도 해야 한다는

뜻을 말한다 지금 현보인당 새마을 회관을 허물수가 없다고 했다 신승완은 전 이장이 딴곳에는

이사무소를 건축할수 없다고 한다 이사무소는 지울수는 없다고 말했다 그렇지 못하면 부지를

딴곳에 선정할수는 없다고 한다 하은성 이장은 보육당 자리가 후보지로 개발위원 회의를 하기로 했다

고 말했다

慶尙北道 議会에서 독도경비대에 100만원 위로금 송금

西, 韓國 [illegible] 장씨한테 여수 [illegible]의 [illegible]께 나가준 자료를 면장께 보고했는지 물었더니

어제 面에서 [illegible]의 [illegible] 국민학교 졸업식에 면장 대리로 나왔다 보내지 않았다고 했다

경북도에서는 독도에 대한 망언을 규탄하는 프랑카-드를 들고 시가-행진을 했다

충북도 의회에서도 독도에 시설을 하라는 결의를 했다

(9時半에)

2月 17日 土曜日 7時 50分 서산에서 운동을 했다 오늘은 밤에 비가 내린것같다

고 했더니 아침일어나보니 역내내리지 않던 눈이 온산에 하얗게 쌓여있다

아내는 여수에서 객선이 다니는지 알아본다 여수 연등동에 전화가 받지 않는다고

해서 객선머리로 나간것이라고 한다 폭풍주의보로 3일만에 해제가 된것같다

태랑이 전화가왔다 · 태연이와 같이 외의형집에 가겠다고 한다 광용이는 후기를 봐서

강남대학 정법대에 들었다고 한다 그러나 일년후에 마음있는 학교에 다시시험을 보겠다

고 했다

제정전이 났는가 순천서 전화를 걸어왔다 안부전화지마는 나의 생일을 알고

曇天 (雨)모양 (9時半 [illegible])

2月25日 日曜日 아침 7時30分에 서산에 갔다 운동을 하고왔다

DATE NO.

제가 조금씩 뿌렸다 쑥 뜯드러 갔을지 동리가 조용한것 같다

언자가 쑥 1Kg 보냈다고 한다 代金 2萬5千원

저녁에 가서 독도 건의서 자료를 면장앞으로 손병개 장에 전달하라 한후 아무말이 없어서

궁금이 생각한다 이면장 하고 구체적인 대화를 하고싶다 그러나 미루고 말아야

중식으로 라면을 먹었다

2月26日 月曜日 曇天 7時20分 서산사에서 운동을 한다 아침은 포근한 날씨요

민주이 와서 광석모 놓에면 적루 통장을 내일 갔이고 간다고 연락을 부탁한다

우체국에 전화해서 의류보험금을 지불했다

2月27日 火曜日 北風 曇天 (11時50分 [illegible])

2月27日 7時20分 서산사에서 운동을 했다

밥을먹고 전기 미불했다는 이사무소에서 받고왔으니 가라해서 갔다 물세로 5千원 정리

가지고가서 2千원 거스름돈 받고 지불하고 왔다 그전에 가입한것 만보고 왔다 손영인 [illegible]

보고왔었다.

이사무소에 올라가보았고 동주가 좀 상수도용시 당시 밭을 매입했었다 그부지를 동리에

매입하라고 면에서 통지가 온것이라 한다 400여평이라고 했다

이장이 어촌계 회의를 개최한다고 마이크로 소집을했으니 잘나오지 않고있다 늦게 어촌계원이

다나왔다 金義文는 주 배이나 2時부터 불러온것인데 9時까지 끝이 안났다 고한다

金東秀 외손자가 장이겹쳐서 12시 2時에 심히 통증이 있었다고 한다 아침까지는

괜찮았다고 한다 풍랑주의보가 계속해있다 해양경찰이 실고간다고 했다 5時에 출항해서

독동에 8時에 도착했다고 한다 나가 경남이 집으로 8時 전에 가보았다 라는 의사가

없는섬 생활을 염려를 하고있는것이다 주의보가 내리면 선박출항이 없다

안동생이 집으로 밤에 와서 나가 연락해서 왔다고 또 역북로 와서 고흥에 도착한 것을

전화로 연락을 해주었다고 집으로 왔다 결과는 내일에 알것이다 장복가 간질것은

어려운것이아니라고 여기서 문의를 해서 포항으로 빨리 가서 치료를 해야 한것이다

이내가 동주가 집에와서 노인당에 (부탁이 [illegible]) 고기구는 도구 를 4만원 정도인데 하나

를 구입하자고한다 여주에 보리했다 이 생의하는 끝에 보금에 총회를하면 회장직을

포기할것이라고 말했다 대상은 동주가 안해볼것이나 미리말한다고 한것이다 본인은

회장이 영 계속할 의사가 없다면 몰라도 아직건강이 변하지 안는 상태에서는 불가하다고

말했다.

晴天 (전남에 학원장 지춘상 어물도서도의 높은 최풍열)

2月28日 水曜日 7時20分에 서산사에가서 운동을 했다
동주 민족의 포장에 전출한다고 왔다 가곡 짝 놀났다 언제 말한적 없는 분이 이렇게
보상으 학교로 한다 그리고 보름날 총회에 음식을 나눌 한 집에서
되지고기를 사자고 해서 미리모심 해논다고 했다 나는 변촌 골목이 어느정도인지 가본
배를가서 물양도 살펴보았다
雨天
2月29日 7時20分은 서산사에 갔다 (8時半 날)
동주 와서 보름날 총회를 앞두고 음식장만에는 난을 할 이에 10만원 10고롯으로 결정한
다고 했다. 아내는 또 보름에 도박에 회장을 떠든사람이 나와주기를 바란
다면 회장입장을 생각아니할수 없다고 영호가 그렇게 물러나주기를 바랬다는
말을 했으니 사정에 말을 해주라고 말을 썼다 지이는 그를 원치 않는다고 한다
나는 오늘 독도에 관한 위로금을 울릉도 독도 경비대장에게 70여만원을
부탁한 편지를 써보았다 동주가 적극 간섭할 성질이 아니라 보였다 그것이 아니고
우리가 관여할 문제이기에 다음에 기회를 보자고 한다 나는 위로금을 보내자
는 말을 내본것이다 나의 만든 돈이다 63만원 정도이다
이다음에 울릉도 여행할수 밖에 없는 일이 될것이다

金曜日 北風 强함
3月1日 7時30分 서산사에서 운동을 했다
3月1日 독립기념일이다 국기를 달아서 세웠다 독도에서 기념행사를 한다고
해서 보고있다 파도는 2.5m 높은바다에서 기념행사가 된다고 한다
바람이 강하고 파도가 높아서 섬으로 올를수가 없어서 바다에서 행사를 한다
95명의 본인들이 독도 보아서 부산서 3,000t을 타고 나왔다고 한다
노인경로당에 들렀다 민족 동족 줄열보고 있다 장족은 정터했다니 한는
말들이 나왔고 있다 큰아들 최가 없다 술만마시고 실사이 없어 술에 취해있으니 살림이
될일이 없다고 한다 최영호 차근아들이 집을나가서 내모크라시 선원이 되었다고
한다 최영호가 상처를 하고 다시 재취할 때 과리 동생한테 갔다고 말을 들었다

마음이 비워있다 종열보고 충고를했다 하등의 반성이 없다고 한다

집에서 들편에가서 교회는 대우집에서 하나가려줄려고 들어갔더니 집을 지을렴도의 계획을 하더라고 한다 집이 낙되로 지붕에서 비가 샐정도에 집안을 낸다고 했다 그러나 계획이 되서 설계에 자기 처식들 거리설계를 하는데 의견이 분분하더라 했다

어사무소에 이장을 만날까 했다 들어가고 없다 쇠를채놓고 들어간보양이다

土曜日 晴天 1月 13日 (9.中)

3月 2日 7時20分 서산자에 운동을 했다

집월세 가보내왔을것이라고 우체국에가서 수령을 해서 통장에 입금을 시켰다

집에 와서 모욕물을 끄려서 모욕을 했다

아버가 들고와서 총일이보가 뜨거운물에 디였다고 한다 예수병원으로 간다고 한다

그런데 장모가 오랫동안 신음했다 오늘 사망했다고 한다 동욱 민국이가 왔다 장사날을 내일인지 모레인지 알수없어서 전화연락이 안되서 민국이가 가서알고 왔다 모레로 한다고 한다 내일은 보름 가정에서 조상에 제사드리면 모레 출상 하면 될것이라고 한다 초상이나면 단여할사람이 없어서 곤난하다

노인당에서는 꽃을 만드는 일이 된다 오늘저녁에 다나오라고 전화연락을 했다

초상이 났기에 꽃을만드려다 한다 저녁에 아내가 몸이 피곤하다 했다 그러나 잠깐 나갔다가 사람이 많이 나오니 드러오라고 했다 나가니 민욱 영호 철옥 오평수 종순, 충욱, 성종 광석모 해남모 강골모 동주가 좀 늦었다

예쩟이 나왔기에 잘하고 11시 밤 늦게 드러왔다 종열모 ○○

바-루를 5병 음료수 2병 소주 1되를 가져오고 사서 먹을 되지고기 미신이라 한다

3月 3日 日曜日 雪天 (1月 14日) 7시10분 서산사에 가서 운동을 했다

오늘 뉴스가 있을까 하고 시간을 기다렸다 방을 기다렸다

태국(방콕)에서 26차回 會議를 마치고 日 本과 北韓 문제를 解決 할것인지 모르겠는 것이다

아침 뉴스를 드를수가 없다 9시에 KBS 방송으로 잠간 北韓 문제를 먹이 놓고 200海里 水域을 가지고 交涉하기로 日本 代表이 말했다고 드렀을 뿐이다

오늘 아침 먹고 노인당을 들였다 종수가 명정을 써주라고 해서 충현이가

대신 말해주라 했다고 말한다 노인당에 갔다오면 세준다고 한다 헌관에 갖다둔것을
에나멜 로 쓰고, 조기도 쓰고 죽도 떡국이보고 가져오라 해서 썼다
망각하고 祝文들 잔하나를 안쓰고 빠졌다 말했다 다 정리하고 본축
[illegible] 적히지 않아서 다 붓을 빼기를 무하여 접을 찍고 다시 붓을빨고 조기를 떡국은
했다 나온사람은 영술 성종 천옥 민국 동주가 상에 꽃을 칠주고 수고가 많았고
동건이도 나왔다 11시경에 잠 들었다

11日 晴天

3月 4日 7時에 나가서 운동을 했다 봉춘도 되고 해서 김성학의 복수가 나와
[illegible] 수리를 전화연락 해주라고 한것이다 아침에 연락을 중앙으로 하은성 의장
다리고 있으니 개발위원 회의를 해야하기에 어떻게할것인가 하니 2, 3일 을기다
리라고 한다 이장이 너무 태만하다 나는 즉시 김씨 에게 전화를 했다 왕씨
에게도 말한다 그것을 말한것보다, 여기 저기 일꺼리가 있을것이라고 했다 개발위
회의는 이장이 마음대로 한것이아니고 중요한 결정이기에 모음에 지연된것이니 2, 3일
더하라고 했다
동주는 오늘 장례에 참여가었다가 오겠다고 한다 이장보고 마이크 를 써서 노인회 총회를 할것
을 빠짐이없이 다 나오라고 해야 한다는 총회가 원만히 되어 원만히 진행이 되게 다 참석을 하고
일을 어떻게 하고있는지를 잘들어보라고 마이크 가 회원들 참석을 잘되게 이장이 방송에 좀
당부하고 오늘 오후 2시 정각 까지 나와주시라고 당부를 부탁한다 이장이 회의를 출항하면 등을
했는데 사무실이 비어있다 누구도 2시에 집합이 안된 集合이 안되었으나 30여명
되어 開會宣言을 했다 40여명 男子는 10여명
收入支出에 마치고 각회원의 의사발표를 해주라고 했다
12日 3月5日 7時에 서산사에서 운동을 했다 영호는 일죽 퇴장했고 대우도
오늘 거문리 에가서 이만우 면장 면장하고 또는 세모소장 가 회장을 동주로 발인했다
하고 국제화 시대에 따른 거문도 는 지나간 역경을 표시하는 기념탑 건립을 건의
할 작정이 였다, 이것이 잘 안되면 나도모든것 단념 할것이다
독도 경비대에 경비위문금을 보냈었도 마을의 보내는 상의도 할것이다
미리 전화를 통해 놓고 할일인데 다시 울릉군수, 의장이다 의회에 편지를 썼다

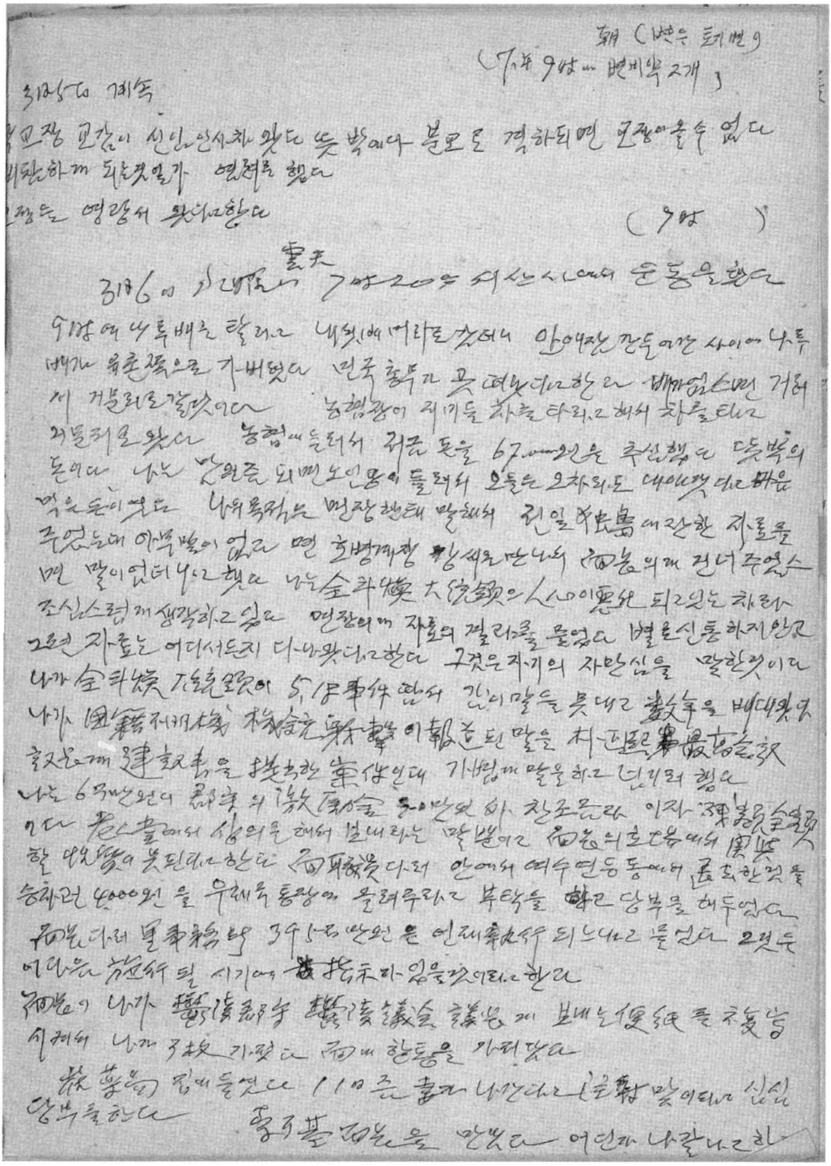

朝 ([illegible])
(7시부 9시까지 [illegible] 2개)

3월5일 계속

교장 교감이 신임인사차 왔다 뜻밖에다 본교로 결하되면 [illegible] 없다
비관하게 되는것일가 염려를 했다
교장은 영광서 왔다고 한다

(9시)

雲夫
3월6일 [illegible] 7시20분 서산사에서 운동을 했다

9시에 나룻배를 탈려고 [illegible] 갔더니 안에서 [illegible] 사이에 나룻
배가 유촌쪽으로 가버렸다 [illegible] 곧 [illegible] 한다 배가 없으면 거리
에 [illegible] 갈것이다 농협장이 저기들 차를 타라고 해서 차를 타고
[illegible] 왔다 농협에 들러서 저금 돈을 67,000원을 추심했다 [illegible]의
돈이다 나는 [illegible] 되면 노인[illegible] 들러서 오늘은 오차라도 [illegible] 밥을
먹은 돈이었다 나의 목적은 면장한테 말해서 [illegible]에 관한 자료를
주었는데 아무말이 없다 면 [illegible] 방씨를 만나서 面長에게 전너주었스
면 말이 없더냐고 했다 나는 金[illegible] 大統領의 [illegible] 되고있는 차라
조심스럽게 생각하고 싶다 면장에게 자료의 결과를 물었다 별로 신통하지 않고
그런 자료는 어디서든지 다 나왔다고 한다 그것은 자기의 자만심을 말한것이다
나가 金[illegible] 大統領이 5.18事件 [illegible] 말을 못내고 數年을 [illegible]
나가 [illegible] 報道된 말을 [illegible]
[illegible] 事件인데 가볍게 말을 하고 넘기려 했다
나는 6억만원이 [illegible]의 [illegible] 참조는다 이자 [illegible]
이다 [illegible]에서 상의를 해서 보내라는 말뿐이고 面長의 [illegible]에서 [illegible]
할 [illegible]이 못된다고 한다 面[illegible] 다려 안에서 여수 연등동에 [illegible]한것을
송하려 4000원을 우체국 통장에 올려주라고 부탁을 하고 당부를 해두었다
面長 다려 [illegible] 395만원은 언제 [illegible] 되느냐고 물었다 그것은
어디든 [illegible] 될 시기에 [illegible] 있을것이라고 한다
面長이 나가 [illegible] 議員에게 보내는 便紙를 [illegible]
시켜서 나가 3枚 가졌다 面에 한통을 가져왔다
[illegible] 집에 들렀다 11日은 [illegible] 나간다고 [illegible] 말이라고 신신
당부를 한다 [illegible] 面長을 만났다 어딘가 나갈라고 한

…장 만든다고 하니 다방으로 갔다 군수가 격려금 보내준 30만원의 김춘근
…만원에 친조금 이자하고 63만원을 独島基金을 積立基金으로 해 基金을 보낼
때 [illegible]을 다려 여수나가서 30萬円 정도에 한국인들이 모이면 記事化 해주라고 부탁을
하라고 말해준것이 좋았다고 한다

国際化를 말하고 있는데 英国 露国 佛蘭西 伊太利 和蘭 独逸 등이
취했는데 記念事業을 하는데 共同으로 基金을 모으자고 했다 나도 基金을
했다고 했다 英国에 있어서 不法占領 말도 있고 해서 잘한일이라고 말할수…
일이 될지 모른다고 했다

오후에 두시간에 金友植 先生을 만났다 울릉도 경비대장에 편지를 보내고
…금을 보내자고 했다 63만원을 積立한 군수 [illegible] 등을 말했다
…사한 것을 보였더니 한장을 주라고 해서 한장을 주었다
九山 [illegible]에 기다리고 있다 집으로 와서 이야기를 했다 [illegible]집에서 [illegible]을
…었다고 한다 저녁밥을 연지가 만든다고 해서 우리식구가 같이 먹었다

木曜日

7시 7時半에 서산사에 가서 운동을 했다
비가 쪽쪽히 내리고 있다 비가 오기에 그만두기 했다 그러나 운동기에 했다
오바를 입고 버스로 도하고 나갔다
오늘 노인당에서 줄회 음식이 났었다 이음식을 먹자고 회원을 나오게 한다
나도 아침마당을 TV 보고 아내보고 같이 동행을 권했다
노인당에는 만족이라 먼저 나와서 꽃 줄회를 섭고있다 다 나오도 했느냐
그 한쪽 된회연락을 했다 한다 동주도 나오고 평수도 나오고 중근이 나왔다.
여자들은 한인회 [illegible]로 [illegible] 출력 상연처 가 나왔는데 광석모
가 안나왔다 계단서 오지 않았다고 한다 된회가 통한것은 돈이 [illegible]
하다고 한다 음식이 충분했다 남은음식이 있어서 역부로 나오게 한것이다
…정에 TV를 관상하고 돌아갈무렵 동주다려 긴밀이 할말이 있다고 했다
…때 동주다려 독도관계로 신청하게 되니 우리가 울릉도를 다녀온서 30만원을 쓰지
…고 그돈을 농협에 저축을 했다 63만원이 되니 완도에서 경비대위문금으로 신청
했다 그돈을 一般에 관한 얘기에 이은 어느기회에 상의하자고 했었다
…돈을 이번에 쓰자고 말을했다 별로 가치가 없는것으로 보고 쓸일이 못된다고 했다.

최종신
面長한테 말을했더니 노인당에서 상으들하라고 했다고 말하고 이만기 변장
도 만나보고 위문품을 보내서 군홍보계에 신문기자가 출입하니 기자들을 만나
서 기사를 부탁하라고 했다고 한즉 변장을 보러 여기로 오라고 하지 그 했다
언제올는지 모른일이고 시기를 놓치면 안된다고 했다 새로회사 소정으게
한잔을 주었다고 했다 변장에게 전화를 해서 오게 하자고 한다

[illegible]
1月8日 7時에 서산서 내렸다

오늘이 金氏에 전화 (23일 오겠다고 했다)
(6時半)
1月9日 7時30分 서산착행 4時경에 한기가 있어서 몸이 무거웠다
어떠한 일이 있어도 오늘은 農協에가서 63만원 근저당 해둔것을 抹消해서
[illegible] 陵島 [illegible] 및 [illegible]에게 送金할 생각을 하고 9時 [illegible]으로 가기
로 準備를 했다 오늘은 [illegible]을 申告하러 간다고 10여명이 동석을
했다 최익수 집에 들려서 왔다고 말했다 가스명수 한병을 주어서 먹었다
농협에가서 63만원을 抹消했다 농협장이 직접 계원으로 부터 받아왔다
최익수이 1萬원은 자기 차가 出發할것이라고 [illegible] 건너와서 [illegible]를 마지라
고 했다 나는 덕촌으로 [illegible]을 한다고 나왔다 면으로 들어간 도로 변에서 부른
다 무엇인가 하고 갔다 혈압을 보고 가라고 혈압기를 내놓고 白島旅
館에 방으로 들게 해서 혈압을 본다고 한다 160이 되기는 해서 不安스럽다
정확하지 않다 혈압이 정상이라 한다고 혈압약을 계속하라고 당부
한다 [illegible] 손을 내고해서 나가 기분이 좋지 못했다 [illegible]으로 다리를
[illegible]고 가는 도중에 한천사람이 최익수 부탁으로 어리고 사이가 一同集해서
같이가서 [illegible] 앞에서 下車해서 홍만집으로 들어갔다 元氣가 좀
나은 편이다 변을 꼭 조심하라고 했다 변이약을 계속해 먹는다고 한다

나오는데 고-퇴 한병을 준다 후퇴 한병도 준다 여유있는 형편이 아닌데 꼭 쥐여준다 가지고 나와서 전기회사 앞에 오니 특무대 박시가 나를보고 울려준다 술 [illegible] 말한다 반촌 앞길에서 내렸다 서도까지 내려 [illegible] 이나 할터인대 하고 그 박께 말해주었다

집에와서 아내보고 [illegible] 귀하게 선물을 주었으니 전화를 하라고 했다

동주로부터 아무런 말이없고 선거철이라서 면장이 이러하자 거리하는 말을 수없다고 여겨진다 동주가 면장에게 말했다 이만규보고 새도소장에게도 말했다 하고 그 편지를 보여주라니냐 했으나 나두라고 했다 이것이 혼자서 무불간섭의 독적의 습관이라 보였다

[illegible] 10日 木 [illegible]

3月 [illegible] 서산소에 갔다 8時 50分 저동리 박중산 면장께 전화를 했다 동주로부터 7日 어제 독도에관한 이야기를 했는데 6만원을 예금을 해둔것을 독도경비대에 위문금으로 보내겠다고 하나 노인당에서 타합해서 하라는 말이였다 저동리 노인당 윤회장에는 말을하지 안했다고 했다

6만원을 농협에서 인출해서 부동신문사 여수지국에서 노인당에 신문을 (배정) 받고 있으니 신문사로 기사를보내고 울릉도군 군위회로 소금을 의뢰하겠다고 한것이나 만규면장 의견은 직접지참한것도 좋지만 기사를 신문사로 보낸것도 좋겠다고 하더라고 전화로 말했다 면장이 내일 시간을 내서 가겠다고 한다 나는 동주로부터 면장에게 전화로 말한다 했으나 실천을 안한모양이다

3月 11日 [illegible] 7時에 서산사에 갔다 농협에 부탁해서 호박을 쉬울로 보낸다고 연자가 리어카를 끌고가서 오늘 [illegible]로 농협에서 쑥을 보낸다고 하는데 오늘 쑥량은 많은 모양이나 상회로 다보내버리고 농협에는 받지 안했다고 한다 농협에서 가진노력을 다하고 있으나 일반은 인식을 그렇지 않는것이다 면장이 [illegible] 세도리에 온다고 한다

이장이 집으로 와서 면장이 오늘 돈온다고 이장더러 내가 경비대에 보낼 70만원을
가지고 가겠다고 해서 기다렸으나 오후에 나오지 않고 말했다 이장집에 전화를
했다 비서실에서 두툼 내일 거물리에 가겠다고 한다
김씨가 서산사 목수를 데리고 온다고 한다 경비는 부담 한다는데 기분이 나지
않는다 혜택 선비로 치면 5만원 정도 주면 인사는 닦을수 있으나 거만스러운
김씨가 주선할 사람은 쓸 필요가 없다

(8時半 2회)

3月 12日 法雲 서산사에 가서 운동을 했다

하순실 이장이 어제 저녁때 면장한테 가겠다고 했었다 그러나 오후 4시쯤 되어 면에
나갈 시간이 늦어진다 나가보았다 그러나 오늘은 못가고 내일 가겠다고 한다
이것은 내가 수일을 경과하고 있는 것이다 동도경비대에 70만원을 위문금을
보내는데 상당히 신경을 쓰고 있는 일이다 이장을 믿을수가 없다 9時 4주에
시간을 맞추는 것이다 9時 나룻배로 거물리에 갔다 면장을 면에서 만났다
어제 이장이 면에 왔다고 해놓고 약속을 지키지 않고 해서 내가 왔다고 했다
어제 동주가 사이카를 타고 이사무소 앞길로 내려왔다 산에서 내려온다고 한다
나는 65만원을 보낼려고 이장이 거물리 간다했는데 내일 간다고 하고 못한다 나도
을 추가해서 70만원을 보낸다고 한다고 말했다 무심고 내가 말한 것은
동주가 불편을 하고 있을 것을 미리 알고 노인회장 명으로 하려만 김동주와
쌍명으로 하고 나이든 밑에 나도 도장을 찍어두었다
면장이 노인회 이름으로 보내는데 노인들 양해를 어떻게 하려는 말이다
나 회장 맘대로 한 것으로 말한다 이장더러 노인회 장이 혼자 보내는
것은 마 당치 않다고 이장의게 지시한 것 같다
나가 군수에 편지를 내서 30만원이 온것이다 울산서 김갑오 가 10만원
주고 인걸은 5만원 김동열 2만원 대수 3만원 농협장 4만원을 받았
을 뿐 동주는 아주 회원이 아니었다 동주가 안가면 나가 기자 대동해
고 갈 작정이었다 울릉도 갈 것은 당장 취 간 것이지 무슨 이유가 없다
여관 보고 간다고 연기 연기로 결과로 했다 해도 넘기고 익년 6月로
정한 것이니 나는 놀고 있는 사람이다 그러나 찬동한 사람이 없어서 김춘근 이를
구 해서 동행을 했다

54만원
~~63만 7,400원~~ 금액을 노인당에 넣치고 했을때 나가 돈 성질이 다르다고
안된다고 거절한 일이 있다 동주가 그돈은 두리마 결정할 일이라고
~~오늘~~ 했다 종근이는 이사를 갔으니 그러하다고 한것이다 3인이 合意를 하면
20만원이나 지불해주어도 좋다 그러나 주로 내가 만든 돈이다
63만원이 나온것이고 보니 7만원을 부해서 70만원을 보내는것이 좋겠다고
나는 먹은것으로 두리이름을 쓴것이다

면장이 전화로 동주가 말했을 것이라고 이장이 말한것이다 이장다려 노인당
의 합의를 말했을가 의문이다 이장다려 동주는 한푼도 내지안았다 그랬다
그돈은 노인회 돈이 아닌데 面長이 동주가 간섭한 말 그대로 받아드린것이다

면장이 노인들 찬성이 필요하다고 했는지 모르나 그돈은 관계할 일이 못되고 나가
두리 노인당 이름으로 한것을 한살쌔고 드려간것이다 70만원은 서도의 뿐아니고
도처에를 빛내는 돈이지 나의 행복을 위해서하는 일이 아니다

오늘 면장 독도관계는 대통령이 회담에서 일본수상 과 만나 타합이 잘 된것같이 말했다
그러나 엊저녁 방송에 일본단체가 머리에 붉은 마크 수건을 두르고 데모를 하더라 했다
불자기. 지나도 상관없는 말을 한다
저녁 방송에 靈山도 靈松山도 에서 독도운영에 모금을 한다고 金〇〇에서
기금한 모양이였다 2억 〇〇이 거두어졌다고 한다

1/3日 화요일 晴雲 7시에 서면사로 갔다

70만원 울릉군청 위회내용물금을 이장이 가지고 갈것인지 모르겠다
이장다려 면장이 가지고 오라한것 같다
이장이 총무계장이 왔다고 한다 이제 면장하고 말이오고갔다 이번에는 면장다려
독도경비대장 앞으로 위문금 송금은 국방금 헌금한것인데 누가 노인당에서
반대한다고 했는지 알고싶다 총무를 보내왔다 총무가 나가 말한 원금 54만원이
63만원이고 관광 및 역사탐방 하러 울릉도에 간것이다 찬조금 기증한 사람을
다 기록도 하고 이돈은 노인당 기금하고는 하등의 관계가 없다고 했다
김동주를 나는 노인회장 도장을 찍어서 보내고 김동주 가 두리가 처리 할것이
라는 말을 했기에 나는 그말을 대항하지 않고 있다가 현재는 노인당 내의
명총없는 일을 하고 있기에 대우를 해서 건의서에 도장을 받겠다고 총무계장이
면장 한테 말하고 다시오겠다고 했으나 오늘은 해가 저물었다

동주가 들어왔다 신춘호가 명철이 지은 가옥에 하자가 생겼다고 동주에 의견을 말했다 한다
그말을 하고서. 총무가 와서 이장은 나가 건의해 도장 말을 했다고 말하더라는것이
다 총무가 와서 도장을 받겠다고 한것인데 이장이 경솔하게 말을 했던것이다
동주가 이어서 송운이 하는 일 써신 만드러 넣었은 반대한다고 또 말한다
이런식으로 변장한테 전화로 노인당에서 결의가 없는 돈을 지출 한걸 취된 날
한것은 말이 안된다 노인당 기금에서 70만원을 독도경비대에 송금 할것이
아니라 아내가 식탁위에 놓아둔 봉투를 내보인서 도장을 찍어야 한다고 말을 한다
여러가 무슨 닭단지 같은 말을 치중하지 않고 동연이 말을 할줄 기다리다 실죽
무슨 도장이냐고 무러온것이다 나는 변총무재량이 할말이기에 침묵을 지키고
었다 아내보고 무슨 할말 안은말을 입밖으로 내느냐고 그저 나별했다
동주는 위토금은 70만원 그런 돈을 낸다고 말이 안된다고 한다
위토금은 다음에 군에서 도도 경유해서 송금한것이 순서가 될것이라고 직접 보
낼수 없는 일이라고 자기말만 하고 있다 아내는 어저녁 KBS 에서 독도
기금 모금에 고여 3억에 달하고 경북 경산 은행에서 취급한다고 했다
완도군에서 직접 송금 했다고 말했다 군.도 중앙으로 단계적 송금이 아니다
오늘 총무가 온다고 해놓고 안온것이다 송금을 오늘해야 해리로 편으로 갈것이도
으로는 넘어갔다
서산사 수리할 목수가 왔다 이장을 내려오라고 해서 서산사
수리할 목수가 두리왔다고 내려오라고 했다 4인이 서산사에 가서 지둥부식상황을
돌아보아야 할것이다 동주는 안가겠다고 한다. 이장이 기둥을 절하내고 앞줄
지둥만 가라버릴 곳만 손대자고 한다 제적서를 내기로 하고 내려왔다
영은 춘호 집수리 한다고 가본다고 갔고 리멱은 혼자 집으로 가라고 이장이
말했다 동주는 항만청에 낸 일을 잘못이라 해서 설명해주었다

3月14日 木曜日 [illegible] 6時30分 서산에서 운동을 했다
9時경에 서산사에 올라가서 지둥부식 부분을 절수하는데 설명을 했다
동주가 말한 지둥 10本을 자르러 완전하게 만든다고 했다 이것은 말이 안되고
뒷쪽 지둥은 가받이 나두고 앞에 쪽을 돌도 해서 들어 넣은것이 좋다고 했다
아침에 보냈다고 한다 춘호 집을 수리하기로 하고 춘호가 [illegible] 다

주었다고 한다 서장이 2만원을 춘호한테 주었다고 한다 정비부담 문제이다
개발위원회를 해서 가부를 결정을 하고 목수하고 연락하기로 했다
오전에 춘복과 울릉도로 보았다 이장이 면장에게 말해 했다고 한다
면장도 이장도 오늘 말없이 넘어갈 것 같다
이대로 둘 수 없어서 앞으로 동주에게 20만원 주면 되겠지 아무튼 보낼 작정을
갖어서 돈을 다시 셌다 오후에 3시가 되서 우체국에 가지고 가서 울릉도
군수 나 의회로 부칠까 하고 우체국에 갔다 국장이 안 보인다 직원더러
70만원을 보통으로 보내주라고 했다 감수가 들어와서 봉투에 수표를 넣어서
보내는데 안심할 수 없다고 한다 울릉도 의회에 전화를 한즉 모금한 지서
도 무슨 재도가 되었지 안다고 한다 그러면 TV에 [illegible] 모금
이 2억 7천만원이 됐다고 정치 모금도 한다고 한다 이에 반해서 울릉
군에서는 방침이 서있지 안다고 하나 [illegible]에는 [illegible] 사보내는 식밖에
없다고 한 모양이다 [illegible]에서 100만원 송금을 했는데 [illegible] 취재
어디인지 [illegible] 신문사 등에 알아보고 서둔을 하든지 오늘은 역시 무등
일보 지국장이 내일 오후 2시에 出勤 한다고 했다

3月15日 金曜日 雨 [illegible] 오늘은 비가 많이 내려서 처산사는 푹 쉬었다
8시경 행정연락소장을 하자서 무등신문사에 부탁할 것으로 전화를 해놓은 오월오일
에 송금을 하고 신문기사의 울릉도의 기사를 보낼 것으로 했더니 오늘 폭풍주의보가
내리게 된대 그 일간 결항을 할 것 같다 우편물을 거문도로 가서 부치게 되니 불편하도
신우팡 [illegible] 소장 식사 했느냐 물은즉 감석이가 전화를 해서 갔다고 연락소에가
전화한다 소장을 만나서 우체국에서 돈을 부치면 동기우편으로 변 염려스럽다고 한다
울릉군수 의회의장께 보낸대 독도모금한다는 말이 없다고 한다 당황하고 있다가
직접 독도경비대장 앞으로 보낸 것이 좋겠다는 의견이어서 날짜가 좀 걸리더라도 그것이
좋을 것으로 결정했다 50만원 송금을 하고 [illegible] 편지도 같이 부송키로 했다
사무실에 한쪽 나를 기다리고 있었다 영수증을 받았다 요금 100원 부족하다고 했다
2시가 지나자 집으로 오라 먹으로 가자고 했으나 [illegible]로 점심 먹는다고
하고 시내 돌아 이도 돌아왔다 울릉도 사진을 보일 것인데 보여주지 못했다

日曜日 北風 曇天
3月16日 7時20分 서산사에 갔다 비가 와서 땅에 물이 괴었다
어제 밤의 난로에 앉아서 골치였다 하오 9時에 변비약 2알을 먹었다 평소
에는 2알 효과가 없는데 아침에도 올라가는데 별감각이 없다 아침을 먹고
나니 배가 아프도다 변소에서 설사가 났다

오늘은 신문사에 울릉도 독도 건을 약속대로 보낼 수가 없었다 소장을
만나서 직접 경비대로 보낼 내기를 했다 여주경찰서로 보내서 독도로 보내
라고 한 것이다 아무렇게나 우로즈만 도달되고 내용 독도건이 알아지면
좋다 그러나 나가 직접 보내면 우르즈라 건의를 이같이 못하는데 마음이 들지 않고
백선편의 불안전해서이다 주의보가 출항을 못하게 되는 것이다 아침 9時에 우체국에서 취급을
하면 해외출로 우편물이 거물리로 가서 여수로 가는 것이 문제다
오늘 이사무소로 ~~순경~~ 소장이 직접 보내지 않고 사장한테 보내가지고 돈을 먼저 온라인으로 도착이
되면 2, 3일 후 도착하는 것이다 봉투가 2, 3일 늦게 도착이 된대 내용물 아주 오래다 걱정
이 된다 소장이 서장앞으로 보내서 내용물 보면 3, 4일 늦어도 지장이 없이 해주리라 [illegible]된다
을 쓰는 없다고 한다 이것이 잘 되지 못하고 아무런 수렴했다는 通知가 없다면
다시 편지내용을 써서 울릉도 군수 한테 보내야 할 것이다 소장을 오늘 오전에서
오차로 한잔 마시고 이야기를 나누었다.

오늘 오일에는 부동신문 하고 약속을 못지키고 말았으나 울릉도 기사내용을 써서
보내주어서 독자들에 주지가 되도록 참고사항을 자세히 써보내서 각계에서 거문
도와 독도, 울릉도 관계가 확실하게 보도되도록 잘 기록이 되어야 할 것이다

北風 曇天 (1 9 [illegible])
3月17日 晴 7時20分 서산사에 갔다
오늘 [illegible] 하는데 [illegible]에 보낼 [illegible]에 관한 記事를 보내야
하는데 [illegible] 文句를 [illegible] 하기가 [illegible] 하지 않았다 [illegible]
의 [illegible] 해서 울릉도 군수 의장한테 [illegible] 하기로 하고 발송했다고
하고 신문 기사 [illegible]은 2, 3일 늦어진다고 전화로 양해를 구하고 무엇
으로 [illegible] 다음 것이 될 것인지 심사를 해서 보내야 하겠다
우체국에가서 엽지, 화장품 대용 보내주었다 (...)
3月18日 東風 7時20分 서산사에서 운동을 했다 北東風이 불고있다
어제는 따스한 [illegible]이었다 오늘 아침에는
오늘은 비가 올 것이라 한다

東風 水曜日
3月20日 7時에 [illegible] (1984 [illegible])

이장더러 서산사 개발위원 회합을 안하고 있느냐 물었다 金氏가 見積書를 보내와야 한다고 보내야 하는데 안보내면 취소하는 것인지 일차 연락할 것을 말했다

아내가 목욕을 하라고 종용한다 등을 대고 자면 뒤억게 등이 근질없다 따슨데 땀이나서 땀이 말으면 비늘이 근질럽게 한다 목욕을 등에서 하니 무질러준려 되겠나 한다고 한다

○ 제일보에 무등일보에 올려주라고 기사를 써보낸것이 안고 울릉도군수나 의장에게 50만원 위로금을 보낸데 보내면서 이유문을 보낸바 있다 그것을 그대로 제일보에 부쳐주라고 부탁했다 기사가 안된다 역시 전화로 말로 하는것이 좋을것 같다 기사를 써서 보낸것이 타당할것 같다

○ 농협 부녀회 조합장에 부탁 70만원에서 50만원 울릉도 경비대장에 송금하고 20만원을 농협에 주지않고 예금해 두었다가 실제 사정을 알면 다음 별도로 상의를 해서 용도결정 할것이다. 지금부터는 문화재를 연구할것이다

木曜日 東風 晴天
3月21日 7時에 서산사를 가서 운동을 했다

무등일보 지국에 울릉도 편지를 부쳤다 계산이 안가고 싶다 울릉도 편지를 요약해서 썼다 인사도 못할처지에 무등일보에 편지를 보냈는데 더해보면 막연한것이 되고 와별도로 간단한 서식으로 썼다

([illegible] 便紙 [illegible] 2)

金曜日
3月22日 7時에 서산사에 올랐다 어제비가 많이 내렸는데 신대물이들어오지 않았다 아침에 돈밭이 재롭다 혈압약 하나를 먹었다 오늘 편지를 부쳐야 해서 엽서나 써보다가 오늘 농협에서 쌀을 사선에 화물로 실어야한다고 했다 수협배가 실는다고 한다 녹동으로 간다고 한다 녹동을 가면 그냥 돌아온다고 해서 해뢰호가 내일 나간다고 해서 중지하고 집으로 갔다 해뢰호가 1時에 나간다고 한다 또 나와서 우체국에가서 다시 물었다 거문리로 우편물이 간다고 해서 나왔다 해뢰호가 1時에 출발한다고 해서 선원 한테로 주어서 신관에 전해서 부쳐주라고 했다

(아침 7시 반)

雨模様 東風

3月23日 土曜日 7時에 서산사에서 운동을 했다

아내가 50만원 독도경비대에 보내고 울릉도 군청에 편지보낸것을 소장한테 의뢰했는데 아무런 회답이 없다고 아내가 소장에 전화한다고 한것을 내가 말한즉 11일이 경과되지만 배를타고 독도까지 가는것이고 경찰서에 무슨 통지가 있을것인가 고대하고있다 한것인데 몇칠기다리자고 한다. 서장에게 송금할때 쪽지를 써 넣더라고 한다 편지는 편지하고 동봉해서 도착못할것인지 알수없다

어제 울릉도 독도에 관한 서류이 도착이 안된것 같다고 예수 꾸등일보에 부탁해서 기사화 할것으로 보낸편지가 주의보 땜시 도착이 늦어진것 이해 한다 여기서 성금이 독도에 도착하면 나가 연락을 하면 기사화해주라고 했다

3月24日 日曜日 7時에 서산사에서 운동을 했다. 변이 나오지 안한다 일어나면 변보단 오줌이 나온다 오줌이 빈번히 나온다 이것이 변비의 원인이라고 본다 오줌 나오는 율을 축소시켜서 자주나오는 양을 줄여 본다 속옷에 오줌이 묻는다 시후마다 줄 자주 빨기로 해본다 한시간 이상을 시간간격을 가져 보기로 참아본다

50만원 독도경비대장 앞으로 송금한것이 인수한 통지가 없다 행정연락 순창이 서장으로 보낸것이다 영수증 있지 않느냐고 받은 대답했었다 13일 전화로 물의했다 몇칠 기다리라 했다, 신경이 예민해진다, 2, 3일 기다려서 서장 답변을 바라볼 이는 할것 같다

밤 9시 변비약 2

3月25日 月曜日 7時에 서산사에 갔다

국회의원 후보 김 ㄴ ㄴ 라고 전화가 왔다 그러나 오셀들이 갈가 (아침 7시 반 했더니 오늘 못가다 못드려 갈게 모른다고 전화로 말한다는것이다 날씨도 좋아질 것이니 들어오라고 했다

덕촌에 거주해온 김순옥이가 집을 찾아왔다 본인이 아침새가 연락을 해서 차자온것이다 故 吉田 씨 아들이라고 했다 어머니가 다리를 골절하니버지 하고 某 동거한 아들인데 그할머니가 세상을 떴다

故 김봉호 씨집으로 호적에 올려왔다고 한다 선산김씨로 올려준다고 한다
족보는 지금은 안되고 성북리 광산김씨를 선산김씨로 교회[illegible]한다
으을 모물찾이가서 묘에 성묘를 드린다고 한다 모역을 개조하고 관리를
하겠다고 한다

雲天
3月 26日 火曜日
7時 서산사에 갔다 운동을 하고 내려와서 노인당 들러온
데 이장이 김씨가 편지서를 보내오지 않는다고 한다 그 사람에 무엇이
각각해서 자진해서 보낼 이가 없다고 했다 안보내게 되면 글로 두고 말
것이다 이장이 말하는 것이 맞이 않는 말을 하고 있다
동국가 아이를 나하고 다왔다 어제 도에서 측량한것은 목격했다고 한다 거년에
향만청에서 나왔을 때 도에서 드러오는 뇌도를 막는다고 도면에 현표를 해놓고
상부에서 돈이 내려와야 한다고 한다 선장들이 위에서 내다보고 밑에서 열렬하리는 것이
마땅치 않다고 했다고 한다 도에서 드러오는 뇌도를 막아야한다고 관심을 갖어
주라고 했다 그러나 이번에 용역회사에서 나왔는지 모른다고 했다

東風 雲天
3月 27日 水曜日
7時 [illegible]에서 서산사에 갔다
행정연락소장이 여수에 나가서 들어오지 않고 있다
50만원을 독도경비대장에게 전해주라는 군에 빈 편지와 송금 온 것인
하고 우편 사무가 일치하지 못한데서 편지 封筒에 군수에게 전달을 부탁했
다
해당자 확인 조사 강주사가 왔다 했다 하족을 전입시켜 와 [illegible] 통장에 아내가 여수에 있는 여러 통장에 가입해주라고 했다
〈 10시 분 〉
郵便 [illegible]이 오늘도 안 드러왔다 [illegible]의 [illegible]이 무엇인지 알고 싶다 [illegible]이 [illegible]으로 [illegible]이 되었다고 몇칠 더 기다리라고 했다

東風 雲天
3月 28日 木曜日 7時30分 서산사에서 운동을 했다 〈 [illegible] 〉
소장이 오기를 기다리고 있다 아내가 행정연락소장 여수 본가에 전화를 했으나 받지
않는다 여수에 가있는 소장이 언제올지를 모른다고 해서 여수 전화
를 기는데 주라해서 전화를 통했다 우체국 송금한 것으로 끝난 것이라고
한것이다 우체국 에서 서장에 물어보라 했다 감두가 없다 직원이 울릉도 라
[illegible] 엉뚱하다 받아서 정리했다고 한것이다 추심했다는 말로 끝냈다

그러나 엮그린 물이 된것이다 사람이 하는일에 딱 들어맞이 안는것이 보통이다
[illegible]은 지금 바쁘니 다음기회를 만나서 효과있는 기사를 쓰자고
했다 서로 전화로 연락을 하자고 했다 10年공역이 하루아침에 무너지는 셈이다
文[illegible]의 예산의 고충을 말해준다 20명이 안되나 참석이 잘된다고 한다 만장
일치로 제놓러 끝낸것이다

3月30日 [illegible] 고방층에 선옥식당에서 회의장소다 엿때없는일이다 현군청이아
난 1日 군청회의 장소가 아니다

어제는 철순 치과에 들려서 이가 위아래 맞지안타고 빼주라고 했다 시간이 4時쯤 되어
서 도보로 [illegible]을 찾았다 어제 약사두었기에 순천 병원 앞건너 편 3층을 찾았다
용능도 독도 50만원 송금을 약속이로 안된것을 후회했다 소장에 맡긴것이 失手라고 말했다
이다음 시간을 보아 다시 기사를 쓰자고 하고 돌아왔다

날이고
3月31日 [illegible] 수의보가 해제될지 의문이었다 9時가 가까워질 때 해제가 되었으니 세보회
사에서 오늘출항한다고 해서 두리가 서두었다 처의모가 꽃을사보내라 해서 꽃을 사서 보낼박스를 가지고
택스를 잡는다 [illegible]회사에서 시간을 기다리는 동안 결전모가 장미꽃나무 2만원 짜리 1500원에
사가지고 왔다 동일이가 장미나무는 뒷쪽에 세워두었다고 한다 뒤젝실 구석에 안전하게 나두었고
나는 [illegible]에 있는서 가는가보았다 친족 치유가 계란 5개를 사준다 목이 [illegible] 두개만 빼고
大[illegible]에 사는 우이동생 뿔인 동생에 3개를 주었다 大[illegible]은 잘 하고있다 [illegible]는 쉬운일은 아니다
우리 축조 방파제가 아즉 안된것을 보면 10여년을 걸릴것이다. 초도는 발전이 될것인가 인구가
불지않는다 어장이 발전될것인가 [illegible]이 되면 좋을것으로 보여진지 의심리가 접발
이 되고있다 손죽도도 접안시설이 되서 해저호가 접안되고 있다 바다에 [illegible]이 닿이어지고
종선이 짐과 손님을 실어날 뭇다 집으로 온죽 연자가 나와서 짐을 올려서 자전거에 운반한다
소장이 아직 돌아오지 않고있다

왔다고 오늘 주두보내려서 쑥을 여수로 보낼것인데 농협에서 배오는날만 내주라고 한다 빠가
4月1日 내린뒤 어디로 쑥이 출하하는 모양이다 쑥이 헐값으로 내려 빼렸다 1Kg 2400원이나 헐값이되고
말았다 동주가 어제도 나왔고 오늘도 나왔다 꽃을 이식도 하고 정리도 했다 연자점으로
가서 협조로 한 모양이었다
어제 가지고온 노인회지부의 95, 96 [illegible]을 보았고 [illegible]에서 간사도 한것을 보이는것이다
(번서쪽 2. 오후[illegible])

29일 예보 나왔지 딸가 TV에서 오후에 注意報 발한다고 한다 오련
중에 해뢰호가 나갈다고 한다 농협에서 쑥을 실러간낸다고 치게됐다
해뢰호가 나가니면 나도 나갈 준비를 할것이다 9시 출항인데 거문도서
다즉 안오고 있다 나는 9시가 다되지 밧메리로 갔서 동주집으로 가서 여수
지복이사회에 나간다고 했다 .동주는 장주 전기회를 기증한 사람이었다
은 홍누가 여수에 나가있는데 연락이 됐다고 한다 고 철남씨 다달 남편이 죽고
홀로 산다고 한다 상봉에서 여수에 가서 오기로 한다고 했다
질을다 바치고 나온 표를 계선에서 사라고 한다 이창이 배에서 사는 줄이
오한다 . 나로도를 넘을 무렵 상연이가 올라왔다
鬱陵郡廳은 관문동에 있다고 해서 나는 일봉 [illegible]을 서독신경정에 맡겼다 시기
여일 9시 관문동을 찾았다 여기저기 탐문했으나 찾을수없고 안경점으로
돌아와서 안경을 찾았다 북도리고 해서 고맙게 생각했다 파출소에서 전화로 물어보고
전남병원 쪽에 있다고 한다 보행으로 와서 여기저기를 찾았다 찾일수없어 내일
지부를 가서 회의는 하고 시간이 없으니 다시 찾아보기로 하고 오늘은 단념했다
오늘은 상당히 걸었다 도로했다 5시쯤에 집으로 오는길에 정진이도 가 뒤로온
집으로 왔다 거문도 아내가 전화로 걸어왔다 그러고 이빨을 치과에 들러 보다 했
오내부터 들산군청 갈일을 생각하니 들산 우두리로 버스를 탈것이다 정진
보가 버스표를 3매를 주었다 들산가는 버스 우도로 가는 편이 이 놈저놈을
살폈다 알고보니 그버스는 그쪽뒤에 발치를 한다는 [illegible] 어인지 알버렸다
이리갔다 저리갔다 20여분을 당황했다 [illegible] 군청에 갔다 [illegible]를 해설
에도 아무도 없다 누가 식당에 있으니 장소가 식당이라 하니 군청내에
서 만 생각을 했던것이다 식당은 지하실이었고 [illegible]을 해준다 [illegible]
군청 앞 선옥식당이라 한다 버스로 군청 앞에 와서 탐문했으나 찾질수 없다
물어보니 그런에 會合을 정한적이 없는것이다 도로를 건너기라 한다
선옥식당의 간판을 찾았다 들어가니 10여명이 와있고 회장이 반갑게 해주니
시간은 11시다 나는 10시로 알았다 군식당에 거문도 말을한다 성종이
버느라 [illegible]고 했다
1시쯤에 中食을 먹고 왔다 ~~군청~~ 곧 선옥식당에서 나와서 걸었다 어제
아주생명 앞이라해서 鬱陵郡廳을 찾질수있었다 실수를 했다고 말을해주었다
당시 鬱陵郡廳에 약속대로 보낼것을 소장이 직접 보낸다고 해서 여기서 차질이온것
서장에 보낸 우편국 영수증을 내보이니 여수서장인지 알았다 울릉도서장 앞으로
보낸것이다 그러고 [illegible] 및 [illegible]에 보낸것에 이소장이 [illegible]지를 써서 넣어
서장에 현금을 보냈다고 되었으나 앞뒤가 맞지 않는다

木曜日 曇天 晴天 되었으나 차가운 날씨다 감기가 들것을 말한다 (9번째)
1月4日 엊저녁 10시에 취침했다 코물이 많이 나온다 나는 코물이 나오고
목에서 지친이 많아서 감기가 심하지는 것을 느꼈다 오늘은 보건소에 가서
약을 먹게하고 다시 주사도 맞게한다

(2)번
金曜日 晴天
1月5日 저녁에 코물이 한없이 쏟아진다 일어났으나 시산에는 나갈수없고
엊저녁은 피로했다 코물이 한없이 흘렀다 머리가 무겁다 일어나서 밥을 먹었다
9시쯤 배달부가 신문을 배달해주었다 오늘은 유달의 신문이 많다
그런데 어저녁 꿈에도 독도로 보낸 50만원의 꿈이 꾸어졌다 이져버리지 못한모
양 모든것을 방심해 버린것이다 식사때 소장의 군으로가는 편지에 목차를
넣보낸것이 마음에 걸려있다 군으로 가는 편지 이곳에서 봉투를 봉하지않는것을
소장의 인의로 목차를 넣다는것이 실수했다 누구를 승락도없이 목차를 넣다는
것이다 소장의 연지집으로와서 면포에다 보낸것이 칙혼이겠고 했다 하였다
목적이 독도 경비대장에게 보낸 것이기 때문이다 3월21日 부송한 편지
울릉도 경찰서장으로 부터 보내온 편지가 오늘 도착했다
다 아내는 화신안온 것을 누구의 탓도 아니다 아무말하지 말자고 받은 말이 끝났
집배부가 배달한 봉투 울릉경찰서장 이보내온 편지 감사하다고 했다
면장이나 저물도에가서 말을해도 낯을세울 수없다 다음 물화사없애 큰도움이 된것이다
동주가 반대로 했던 말이 떠올랐다 노인회장 김병순 은 낯을들수있다
여수에서 리어카 ─습을 사보냈다 보내기는 집에있으니 부쳐겠다
기름을 사용하고있어서 나무것을 쓸려면 사람의마음이러 위축된다 더운데로
사용할수 있게되었다

土曜日 曇天 雨風
1月6日 7時 이전 밤에서 운동을 했다 술고 이내로 몸이 아 좋다
아침 체조를 했다 변이 3일째 나오지않아 근심이 많았다 안에보고 유치하도
한컵마시고 싶었다 한잔을 하고 술가을다 세서 변을 고통같이 누었다
팔령 몸에 술이 많아서 변이 주더져있는것을 알았다
아침까지 감기가 심해 약 하루분 주사 엉덩이 손목에 맞았다
日曜日 雪風 안개가 끼고있다 변이 나오지않고 물기만 나온다
(9시에 변 저앗 그날)

우체국에가서 태철이 온라인 송금이 없었다 오전 4시에 入金 통장 完了 했다고

빨간 축 카-드 4시반에 축합에서 온다고 한다 / 中食 시간에 회상호가 소장의
집에 대접을 한다고 해서 점심시간 이었어서 울릉도 시장회의 신문을
배같에 내게가 조심되는다 학교나 여수에가서 복사를 해야겠다고 마음먹고 선우광
이에 갔더니 土曜日 오후경에 지게 일을 하고있었다 學校에 직원이 있다고
가보라 한다 학교에 올라갔다 복사기가 고장이 나서 못하겠다고 다시 나온다 우체
국에 전화를 해서 조회까지 준서 부탁해놓고 가보라고 한다 우체국에서 직원이 기다리
고 있었다 3枚을 하고 오후에 5枚를 한장식 3枚을 복사하고 가지고 내려왔다

집에는 점심을 갖다놓고 갔다 사시미를 먹고 죽을 먹었다
여수에서 전화가왔다 경진이가 오늘 병원에 다녀오갔다 고한다 경노회에는 참석하였
다고 한다 나다려 내일 배로 나오던지 안나오게 되면 태수가 오후에 동행하게 하겠다는
말이다 태철이에 전화를 한다고 회사전화 번호를 가르쳐 주라 한다 사택
번지가 틀렸다고 직원보고 부탁한다고 했다
소장이 친근한다고 한다 이장 하은성이 좋은사람이라 한다
저녁은 연지가 가지고 왔다

아침 (9時半)
4月14日 배따에 雲天 동남의 흐림이다 바람이 없다
7시쯤 서산 산에 가서 운동을 했다 아침에 여수에서 아내의
전화가왔다 나다려 20일 경노잔치 외 行事 가운에서 여수에서 그날 맞쳐서
와야한다 왔다갔다 빈번이 하면 경비도 들고하니 태수보고 안내하라고 했다고
한다 오늘 여수에 나갈일은 중지한다
어제 2時半경 학교에 가서 복사를 부탁하고 울릉서장회담 원본을 바꾸어 대교하면
본사연회가 있음으로 3枚가량 복사한것으로 갖다가 우체국에 올라가고해서 보험이 좀 신했다 밤 2시경
에 일어나서 소변을 보고 드러갔다 또 한데다 몸이 좀 피곤해졌다 여수에 나갈 준비를 하는데 여수에서 아내가
20일 경노회잔치에 드러가는데 그렇게 번거러운 일을 피한것을 말한다 중지를 했다.
어제는 비가내린 구름이 많이 끼어서 날씨도 찼다 나는 10시까지나서 보일러를 내리
고 낮에는 석유절약을 했다 오후5시에 온도를 올렸더니 방이 차졌다 밤 7시쯤에서
온도를 낮춰 보았다 잘안드러서 여수 아내보고 물어서 3번을 누루라 했다 밤 10시쯤
취침했다 이불안으로 기불고 찬기를 피해봤했다 방이 따스워 졌다 아침 4시쯤에는 좋은
편이었다 5시6시에는 사늘사늘한 날씨 탓인지 몸이 무거웠다 도로다리를 주무렸다

7척선에서 내려서 남록배로 집으로 갈것이다 안심되는것은 동일 홍선이
가 대모고회사 를 퇴직해서 남록배에 배치를 해서 남록배의 당번할것
이라 보았다 나는 최악측의 이상한 행동을 경계를 했지만 나도
승복하고 말았다 성기를 움직으려서 주사약을 링겔을 몸에 넣은것이다
1병에 끝나고 혈압약을 한간하고 변비약을 준다 고기를 사주었다
집으로 오니 아내는 목사회 집으로 왔다
울릉도서장의 서장을 본부로에 넘기로 하고 7000원에 샀다

오내원 晴天 20日 발족 잔치날
4가 2000 6시 30분 뒷산사로가서 운동을 했다 하늘이 맑고 개연하다
집으로 와서 쓰레기를 내놓고 태워버리라 한다
이대춘이 경노회장이기에 수고한다고 말을 하고 내가 받은 관계 서장의 회신
을 액자에 넣어서 노인당에다 내놓아야 할것이기에 제일 먼저 보여주었다
전일 행정소장이 복친영수증을 나한테 건네줄 때 보였던 것이였다 이장도 보았던
것이다 대춘이 보고 보내왔다고 얼른 보는것 같았으나 일보고 마을모임 할 때에
보라고 했다 이귀순이가 나왔기에 보여주었다 도지사가 무엇이 걸태 정중한
회신문이다 나는 액자를 어사무소에서 보일가 했다 그러나 이장에는 서장으로부터 회신을
보내왔다고 한말도 알렸다 무슨말인지 이해못했을것이다 노인회장 말을했으나 노인당
에 표시한것이 좋다고 보았나 동수에게는 보여주지 않았지마는 어제 보내왔다고 대강
말을 하고 보라고 했으니 잘 보았을것이다
손님들은 못오놓고 하더니 다갈려버렸다 총 150명가량 온것같다고 수입한 기부
는 작년은 460만원인데 올년은 5230만 가량의 증액이라고 한다
목적없이 시간을 보낸사람들도 있지만 음식이 남아서 소비를 시키는데 걸렸을 한것이다 다 집으로 돌아갈 것인데 아내가
9시 까지 가-설거지를 들고있다가 시간이 흘렀다 나는 다해산한것으로 보고 집에서 아내오기를
앉자있어서 주위사람들이 돌아가지 않고 점심 남은 것으로 실컷 먹었기에 언제집에가도 일은없
기다렸다 9시가 되는것이다 아내가 왔다 고생을 낼수 밖에
다하고 버티고 있는것일가 9시가 넘어서이고
없다.

서울 대철에게 돈을보냈다고 축신하라고 한다
10시쯤 창도동 태성이 집에 전화를 했다 태성이 집에없다고 한다. 25일 수술
한다고 한다.

이번에 호준이와 말을해서 英国大使館을 방문할가했다 女직원이 国会에 방문했
기 때문이다. 통재가 되었다고 人民은 받지안는다고 한다 国会 人들이 ...하고
7個国의 国会 会議에 참한 文書을 만들가 한것이다 월드컵 축구 日本
韓国이 共同代表国으로 決定된데 国会를 말하고 나가야 할것이다

6月4日 3時에 일어낫다. 뻐이 안나왓다 그재 반쉬다 했다 이제는 영동도 출발
열차로 오후 6時에 도착했다 비가 오는데 마중을 나왓다 오늘은 9時에 아내와 안과에
갓다 아내보고 택시를 드려오라 하고 나는 군청에 가서 임길동 의원을 만낫다 ○○의
원하고 담화를 하고 있었다 당당한 직원하고 거물도 백도관광에 대한 이야기했다
이야기를 마치고 나는 울릉도 서장으로 부터 감사장 울릉도 군수 군의장 에게 50만원
을 독도경비대장에게 전달해주라는 건의서를 보내고 서장이 접수하고 감사장을 보낸것이다
임의원도 울릉도에 가겠다는 말이였다 울릉도에 가면 이편지가 좋은 전달자가 되고
거물도 사람들이 개척자 였다. 거물도 사람이 거주하고 싶다 이사도 울릉날가 했
다 노사들이 병으로 성산병원에 입원해서 안나오고 싶다고 한다
문의원 3인에 나을 전 예면 의장이였다고 소개했다

6月 ◯◯ 새벽에 대로고라시 9時半에 간다고 한다 7時 쯤에 식사를 마치고 준비
가 다됫다. 8時 쯤에 며느리·아들이 택시를 타고 배미리로 온다 오늘은 관광객
이 많다 어디서 오느냐고 물으니 부산 번일동에서 온다고 한다 가상예보는 파고 1
m 라고 했는데 배에 오르니 東風이 불고 거물도 웃도에 들어올 때에는 風波가 일고
있다 오늘 강충화 하고 서도의 도님이 4,5명이 올랐다 집으로 오니 진우
부친 제사에 두리가 드러올 것이라 한다 아내가 전기가 안온다고 한다. 정전
이 아닌가 했더니 영태가 와서 전선이 아~스 한다고 측정계를 가지고 왔다
분명히 전기가 안오고 군신이가 와서 조사를 하고 쓸 안된다는 것이다 보이루가 이상
이 없다 뒤안에 가서 보니 영태가 뚜어본즉 물이 적혀있다 물이 흐르고 있다 비가 왔으니
우에서 내리는 비로 전선이 다 물에 젖어 있는 것이고 광석이를 불러서 보니 연통으로
물이 들어온 것이라 한다 나는 지붕을 보니 양철의 사이가 틀리지 안아 거게서 지붕 골
이 흘러서 내러온 것이라 보았다 보이라 통이 터졌다고 한다 글세 우리가 갈 때에는
완전한 보이라 인데 19日 만에 보는 것이니 이상한 일이 생긴 것이다 아내는 여수에 전화
를 하니 신품을 사서 내일 객선으로 보내고 다음에 거문도로 들어오겠다고 한다
35만원 운반비 등 인건비 합치면 40만원의 돈이 드는 것이다

5月16日 또의전화로 여수 항만청 직원에 문의할 사항이 있다 [illegible]했더니

울산군청을 가서 김길동 의원을 만날 형편을 보아서 방파제 건을 확인하려 했다 군에 가족 오늘은 의원이 출석치 않았다고 한다 의사과에 들려서 사돈을 만날까 했으나 중지를 하고 부군수를 만나서 울릉도 군수 의회의장 [illegible] 에 대한 독도경비대장 께 위문금 50만원을 걷려주는 바다 울릉도 비용으로 쓰지 않고 예금을 했다가 독도경비대장에 보낸다고 할 생각이 없다 결재를 하고 있으니 시간이 걸릴 것이라고 했다 나는 의사과에 들려서 사돈에게 군청에 들린 사항을 전하러 했다 오일 문화계장을 만나서 [illegible]에 [illegible] 했던 [illegible] 가 과연 무엇을 하러 왔던가 [illegible] 로서아 가 거문도 주민하고 관계 가 있다 특히 영국이 [illegible]을 했다고 비난을 했지마는 나 생각으로 는 3년만 해를 하였더라도 日本이 [illegible]을 못했을 것이라 보는 견해다 우리민족의 식민지 지배를 받게 되었나 기가 막힐 일이 아니었던가 [illegible]들의 [illegible]에 넘어간 것이 아니었던가
유럽국가 七個 [illegible] 가 본-도하린도을 차지했다 결국 생해에다 조치지를 사용 中國 [illegible]가 [illegible]한 원인이 된 것이다
이러한 歷史를 文化[illegible]에게 말했었다 오늘도 울릉도 가는 [illegible] 30만원이
[illegible] 돈으로 [illegible]에서 고생하는 [illegible]에게 [illegible]을 통해서 [illegible]이 된 것이다
文化[illegible]는 [illegible]가 [illegible]이 순조롭지 못했다 [illegible]로 [illegible]이 된 것이다
나는 나와서 버스를 타고 시내로 들어왔다
오늘 [illegible]이를 군청에서 만났다 [illegible]을 만나지 못했다 한다 별일 없느니 좋은 안 는 것이다 무엇 때문인가 나가 [illegible]을 맡고 있으니 [illegible]을 할려고 온 것인지 이해하기 어렵다

(5月16日 [illegible])

[illegible]
5月17日 오늘은 어지러움 지는 아내는 눈 부은 것이 치료되었으나 나가 아내는 다리고 안과에 다닐 것이다 그러나 어제는 순천 아사돈이 아이 보러 왔다
오늘은 항만청을 가서 금년 울도를 축조가 될 것인지를 알아보아야 한다

[illegible]
5月18日 아침식사를 하고 9時로 집을 떠나서 아내하고 두리의 택시로 타고 [illegible]를 찾았고 아내보고 약을 받고 택시를 타고 소방서 뒤 중앙교회로 해서 집으로 가라고 했다 나는 오늘도 가는 버스를 타고 항만청 앞에 내리자 했다 청사 복순을 가서 [illegible]에 간 분을 알아 주라고 했다 건설과로 가야만 한다고 해서 사무실 쪽으로 가니 에 [illegible]의 거문도 [illegible]에 간 [illegible]을 [illegible] 준다 금년 工事를 하는 것인지 물었다 서도 [illegible]만을 [illegible] 할 것이라고 한다 [illegible] 공사를 [illegible] 확실치 않으나 울도 [illegible] 공사로

배속에서 쇳소리가 나왔기에 변소에 갔으나 신통치 않는다
몸이 안좋다 왼손구락이 재린다 혈액순환이 안좋다 주무리고 4시쯤에 변소에 갔
다 변이 나올번 했으나 통로에 꿈쳐있어서 무리하게 조금내버렸다
7시쯤에 설사기가 있어 변을 보았다 약 5알을 먹었다 아침이면 배속
에서 다 나왔을 것이나

어재 종근이 노인당에서 종근이 울산으로 이사한다고 한다 나는 깜작 놀랐다 요즘까지 지켜
켜 지내고 있다 아들이 10만원을 찬조했고 대접을 푹진히 해주어서 감사를 했었다 울능도를
종이 단녀온것이다 여러사람을 말했으나 다 거부하고 종근 맘이 찬동해서 몇개월을 두고
마음 먹었던 곳을 3인이 동행해서 일생에 잊을수 없는 여행을 한것이다 그런데 나는
춘수의 편지 한장 가지고 갔으면 했었다 탐방하러 간것이니 울능도를 단녀오려고 하는 측
으로 끝내버려 아쉬웠다 종근이도 너무 혼자 독선적인 것을 싫어한것이다

종근이는 인사를 하러갈 것을 깨뜨먹었다고 한다 요즘 처의 모친이 병이들어 날이갔지고 서편
에기 보았소 불세등 곤난했다한다 여수에서 차표가 잘안되고해서 울산도착에 빤스게 도착했다
한다 처의모를 울산서 안보내겠다고 아들은 다 처리해버리고 나와서 살려고 한 모양이다
물중일 고향에서 뜬다는 것도 어려운일이나 할수없이 떠난다고 한다 사람은 변화가 많은것
이다 고향이라고 안떠날 수도 없는것이다

서울 김계술이는 복 전화가 왔다 인사말이 있고 지난번 편지 대로 하려느냐고 한다
나가 무슨 존재인가 다 되지않는다고 했다 그런데 요사히 갈치가 좀 난다고 멸치는 안
난다고 한다 여기 국민학교 분교로 격하되었다고 했다 몹쓸놈의 농어촌 살린다
고 해놓고 학교가 없어지면 거기살수없다는 말이고 다 떠나버린다고 하는데
오는일이 아니라고 했다 11월 8일 30일 경에 온다고 한다 우리는 피속선이 나와
서 제주에 1시 20분 으로 제주에서 김포 비행기를 탄다고 했다

日曜 11 晴 6시 산보에서 운동을 했다

우연히 나의 노력한 공을 잊었는지 요사히에 연하 사람들이 수상이나
동네에 공이있는 사람을 우대하거나 존경 을 생각하고 귀의들 돌보고 동리가
무엇인지도 모른 이들이다 자기들 앞면서 챙길 나고 한 사람들이다
김종근이가 울산으로 이사를 가는데 동리인구 줄어나서 학교가 분교로 격하
되고 신통한데 이런 일이 곰작이 생긴다 나도 이사를 했을것인데 과주
하고 여기 실천을 못하고 있는 형편이다 어재인가 계술이 전화에서 도시
에서 섬으로 들어갈 나고 한 경향 이라고 한다

시키고 물을 마시고 한다 접안시설 공사 상황을 설명하고 걸어본다 동수가 나와서 어제 바둑을 두었기에 익은 얼굴이다 개를 다리고 나왔다 아이들이 좋아해 보인다 공사장에는 모래가 많이 쌓여있어서 손을 대고 한다 수산청 1000만원 쯤 배가 엎어 다 있다 독촉을 해서 들어왔으나 거래가 멀어서 거름이 느리다 오늘은 데보코리 시— 35분으로 떠나게 된 날씨가 좋은 편이다 沖繩에서 1일 있다 이를 나온다 고 한다 거문도에는 영향이 없는지 별로 파도가 일지 않는다 데보코리시가 3시에 출발할 것인데 나룻배가 정확히 오는지 의문이다 오늘은 1시車 이면 덕일호 가 들어오면 그 객선편으로 가게 했다 빗비를 들려서 덕일호 들어오기에 서둘렀다 덕일호 가 닿고 나룻배가 와 있다 덕일호를 타면 유촌 죽촌에 닿는다 이장이 전해서 탈 나고 하는 순간 제일 동 이모가 멀리가서 말한 즉 할 사람 1,000원 즘 청구하기에 엽해 있는 부인들이 나룻배가 빠르다고 한다 나룻배로 옮겼다 실수할 뻔했다 데보코리시-가 2시 15분에 출항했다 3시에 나갈 것인데 폭풍주의보 때문에 그런 것 같다. 도로 넘을 때는 2시 20분이였다 여수에다 출발시간을 일렀다 기차가 9시쯤에 출발한다는 것이다 역에 진우도 나가고 식구들도 나갔을 것이다

정진이다 도서 1배에서 조심하라고 일렀다 예하고 대답을 한다 모든 것이 이상해 보였을 것이고 여수에는 1시간 20분 소요했을 것이다 [illegible]시 20분에 도착했을 것이다

8月21日 日曜日 6시가 넘어서 시산사로 갔다 엊저녁 12시 넘어서 잤다. 노인당 결산을 하고 감사 도장을 찍고 했다 임시총회를 해서

명호 모친이 흰 신발을 가지고 왔다 며칠을 다녀오라고 선물이 필요하다고 해서 많이 주었으나 매이리가 있다 아내는 며칠 통양철을 5개를 갈아주몰 해주라고 한다 주문한 사람에 부탁해야 하는데 철호 모에 말해서는 통하지 않는다

아내가 전화를 받는다 거문리 이만주 면장이다 일절 나가지 않고 있다고 했다 거문리 에가면 들리겠다고 했다 자기가 들리겠다고 도 한다

오후 오광수가 노인당 입구에서 갑자기 만났다 행동이 이상하다 누군가에게 말하기를 (최방호말) 이상이 있을 것 같았다고 했다 과연 이상한 태도이다 나는 울릉도에 조부님이 도감으로 부임했으니 도감은 중앙에서 발령을 받았으니 (군수급) 한 차로 울릉도 가야 할 것이라고 생각했다 우리도 울릉도를 가서 도감의 기록을 알고 퇴직 7년 복무했다. 고 말했다 일본 사람의 박해로 그만두고 돌아왔다고 했다

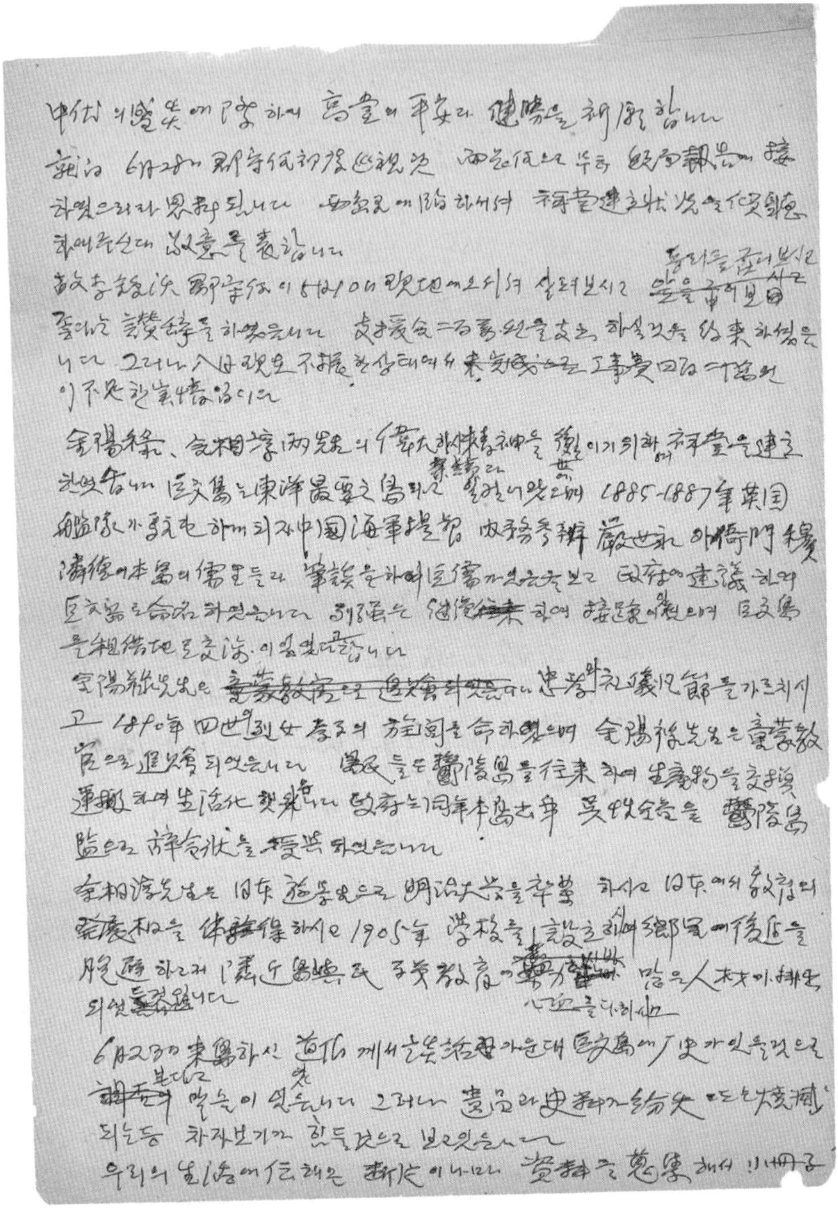
中佐의 靈앞에 降하여 高堂의 平安과 健勝을 祈願합니다
就함 6月28日 郡守代理 [illegible] 面長代理 우리 [illegible] 親戚에 接
하였으리라 思料됩니다 [illegible] 에 臨하여서 祠堂建立한 것을 [illegible]
하여주신데 敬意를 表합니다
[illegible] 郡守代理 6月10日 現地에 오시어 살펴보시고 [illegible]
좋다고 賛辞를 하였습니다 支援會 二百萬원을 支援하실것을 約束하셨읍
니다 그러나 [illegible] 不振한 상태에서 [illegible] 工事費 [illegible]
이 不足한 實情입니다
金陽綠, 金相淳 兩先生의 偉大하신 [illegible] 精神을 [illegible] 이기 위하여 祠堂을 建立
하였습니다 巨文島는 東洋最要之島라고 [illegible] 1885-1887年 英国
艦隊가 駐屯하게 되자 中國海軍提督 [illegible]
[illegible] 本島의 儒生들과 筆談을 하며 巨儒가 [illegible] 政府에 建議하여
巨文島로 命名하였습니다 [illegible] 巨文島
를 租借地로 交涉 [illegible]
金陽綠先生은 [illegible] 禮儀凡節을 가르치시
고 1890年 [illegible] 命하였으며 金陽綠先生은 [illegible]
[illegible] 되었습니다 島民들은 鬱陵島를 往來하며 生産物을 交換
運搬하여 生活化 했습니다 [illegible] 同年 本島出身 [illegible] 鬱陵島
監으로 辭令狀을 [illegible] 하였습니다
金相淳先生은 日本 留學生으로 明治大学을 卒業 하시고 日本에서 教育의
[illegible] 을 体得하시고 1905年 學校를 設立하여 鄕里에 後進을
[illegible] 하고저 [illegible] 教育에 [illegible] 많은 人材가 排出
되었습니다
6月23日 來島하신 [illegible] 가운데 巨文島에 歷史가 있을것으로
[illegible] 말씀이 있었습니다 그러나 遺品과 史料가 紛失 또는 燒却
되는등 찾아보기가 힘들것으로 보고있습니다
우리의 生活에 [illegible] 斷片이나마 資料를 蒐集해서 小冊子

晩悔先生 ① 車氏婦人의 行狀 3世烈女 孝道 文化人 [illegible] 後裔
金氏婦人 府使의 後裔 張氏婦人 [illegible] 文章家 [illegible]
弟子 中金、李 弟子 外 30名 이었다 全員은 什數10名 이다
禮節에 對한 行動 하는것을 가르치시고 朱子學 에 [illegible] 하셨다
[illegible] 指導 하였다 (을 [illegible] 의 交易)
英国艦隊 占領時에는 [illegible] 中央人外務門 [illegible]
[illegible] 世永 筆談으로 [illegible] 보고 中央에 建議하여 巨文島를 命名
又濯 ◎ 하였다! 晩悔[illegible] [illegible] 三 [illegible] 請하였다
金相[illegible]先生 東京 明大 卒業 黃海道 陸軍教官 全州 [illegible] 을 [illegible] 하신
1905年
正三品 이시다 巨文私立 [illegible] 學校 [illegible] 高等[illegible] 을 두고 教授
愛国하는 教育을 하였다, 강호[illegible] [illegible]
[illegible] 實山郡 에서 入學 하였다,
1905年에 巨文[illegible]을 移轉하여 過渡期의 国民教育의 [illegible]堂을 建立
日人教師를 [illegible] 하여 日本語 를 [illegible] 日本[illegible]場에 [illegible]
○ [illegible] 의 [illegible] 主로 [illegible] 에 從事했다,

36年、 合邦이 된 1910年 (古島)
韓日合邦 後의 巨文島 日本人의 [illegible] [illegible] 巨文里에
移轉하는 [illegible] 등을 [illegible] 에서 [illegible] 防波堤 [illegible] 題字
[illegible] 의 [illegible] 의 [illegible] → 防波堤 採石場 岩壁에 南次郎 題字를 刻하였다
1945年 日本은 二次大戰 防空[illegible]의 構築 [illegible] [illegible] 英国과 一戰不辭 [illegible]
露国艦 [illegible] 했다 [illegible] 和解 [illegible]
◎ 英国 佛蘭西 [illegible] 伊太利 [illegible]
英国 海軍之 [illegible] 年 마다 [illegible] [illegible] 防波堤 [illegible] 工事 [illegible]

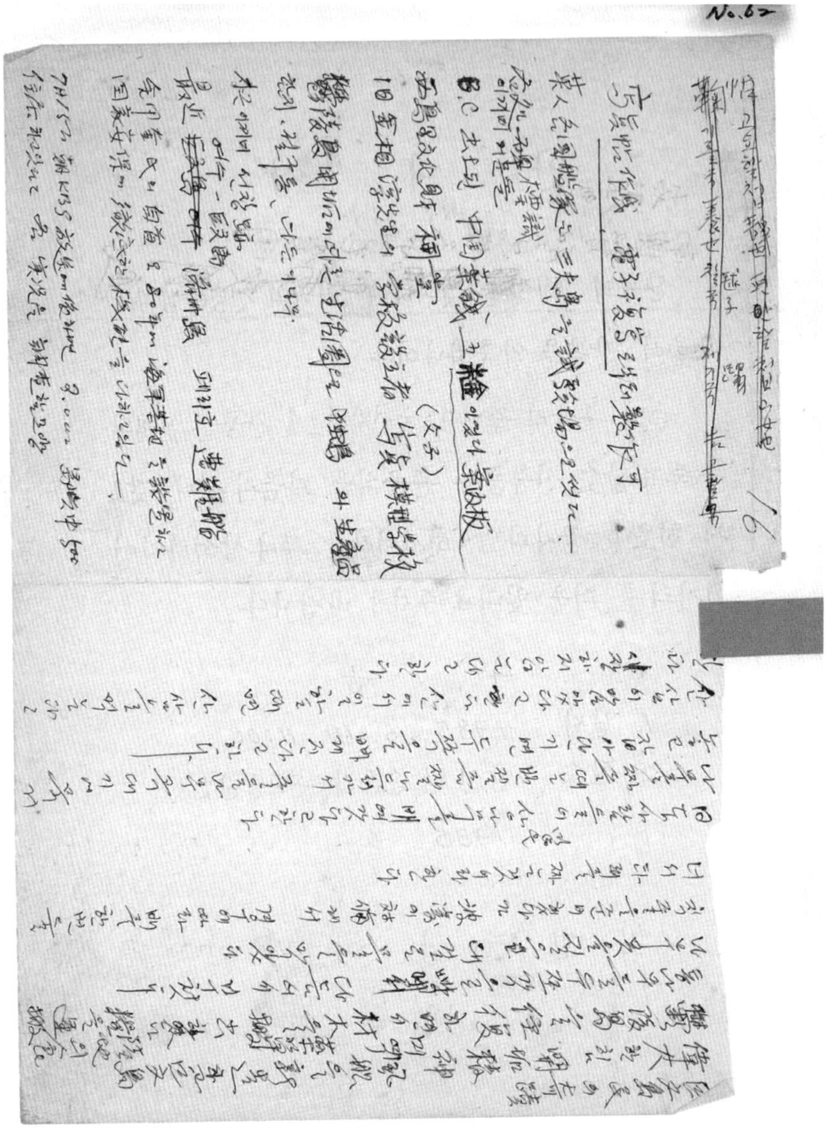

47

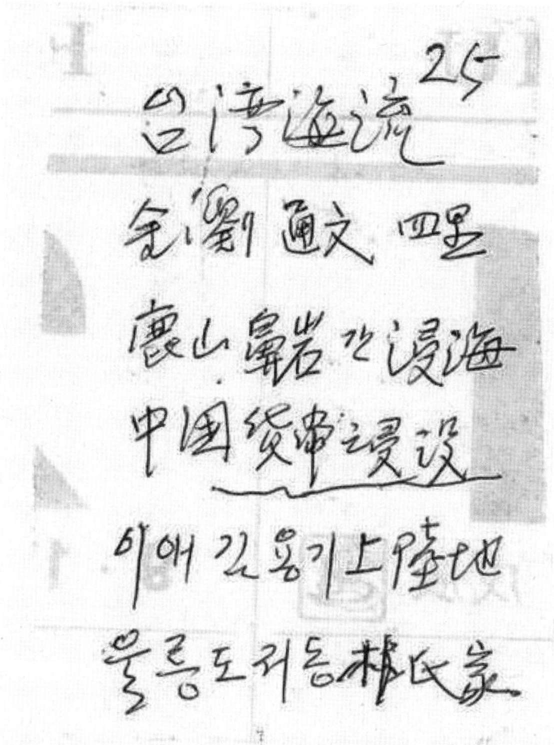
25
台灣海流
金劉 通文 四里
鹿山 鼻岩 간 浸海
中國貨幣之浸設
이에 김용기 上陸地
울릉도 저동 林氏家

이끼미 溶岩石 과 모래層

큰이끼미 ~ 돌짝 一대의 모래층으로 火山이 爆發한 곳이다.

前後面의 모래沙場 바다海底에 沈滯되어있다.

신선바위
선바위
물목

諸島와 連結된 岩脈에서 突出한 것인지

용냉이 용물통은 [illegible] 하고 돌렸다는 傳說이 있다

英國배는 위로부터 [illegible]

고두마 선달영감 뒤전 在홍 [illegible]

옥수수 재인영감 60年전

9 84의 [illegible] 부단

이씨네 울릉도에 가면 [illegible]했다.

[illegible] 공 - 하 울릉도 가는데 / [illegible] 먹고 간다

× 전복을 [illegible] 올나간 것

단된배 초도근처에서 조난

덕심네 아버지 [illegible] 죽은 [illegible]
위 거서 배질하다 죽었다

자효 배는 [illegible]

× 수[illegible] [illegible]보내

[illegible]네배 간여등

울알나무 실고가다

울알나무. 이원나는 동촌 [illegible]

강계
[illegible]네 [illegible]다. [illegible]네배 [illegible]

도선네 배

大陸에서 闕門 巨文島人들은 이렇게 살아왔다 (되살아 만들)

86. 88 오림픽에는 英文으로 紹介

1 晩悔先生 行狀 舍系 四世孫列 遊閣

2 (澹可先生 詩文翻譯 1905年 學校設立 金相淳先生
救恤事業, 休同使 父子의 功勞

3 (鬱陵島 開拓 獨島의 先占權 建議書 小利가미 防波堤 [illegible]
日本島根縣 漂流 3年滯在 李聖西

4 (英國艦隊와 巨文島占領 中国 丁汝昌 提一行 巨文島로 命名케함
○ 露西亞 佛蘭西 獨逸 伊太利 艦이 다녀간 靑港

5 金正均先生 海東朝鮮 過次 (李紀宗 [illegible])

6 林炳瓚先生 巨文島에서 自決 橘隱先生集에나는 [illegible]
[illegible]先生의 朴慎安 과의 관계 巨文島人 [illegible] 과 관계

7 古蹟 中国 葉錢 B.C 110年 出土, 周고의 墨石 및 [illegible]
(五銖)

○ 入島 名氏族은 高興이 主로되고 長興 康津이다

○ 碑文을 보면 벼슬이 많이 記錄되어있고 名族들을 알아본다

○ 壬辰倭亂뒤 3?0年前 이라본다 [illegible]之亂 : 後入島民
이끼미 에는 住居地이고 ○ 七田을 [illegible]하고 軍糧하고 관계가있다
선창을 쌓고 船舶을 修繕했고. 書堂이 서있다고 한다
巨文島는 三島라고 했었다 이애, 이끼미, 알
白秋 深津 의 住居地 술고재 장개

○ 東海 西海에서 海賊으로 被害가 많았다

○ 島民은 [illegible] 술이였고 혼암을 만히 먹었다 지금 새암추 김
쌀에 있는것을 보다 魚貝類 雜草類등 고구마 옥수수들이고
기르미는 물곳을 고아서 장독에 혼합했다 칡 하루박

晩悔先生은 礼節敎育을 橘隱先生은 詩를 가르치시어
氣와 品格을 갖추었다 金東[illegible]詩 가 遺集이있다

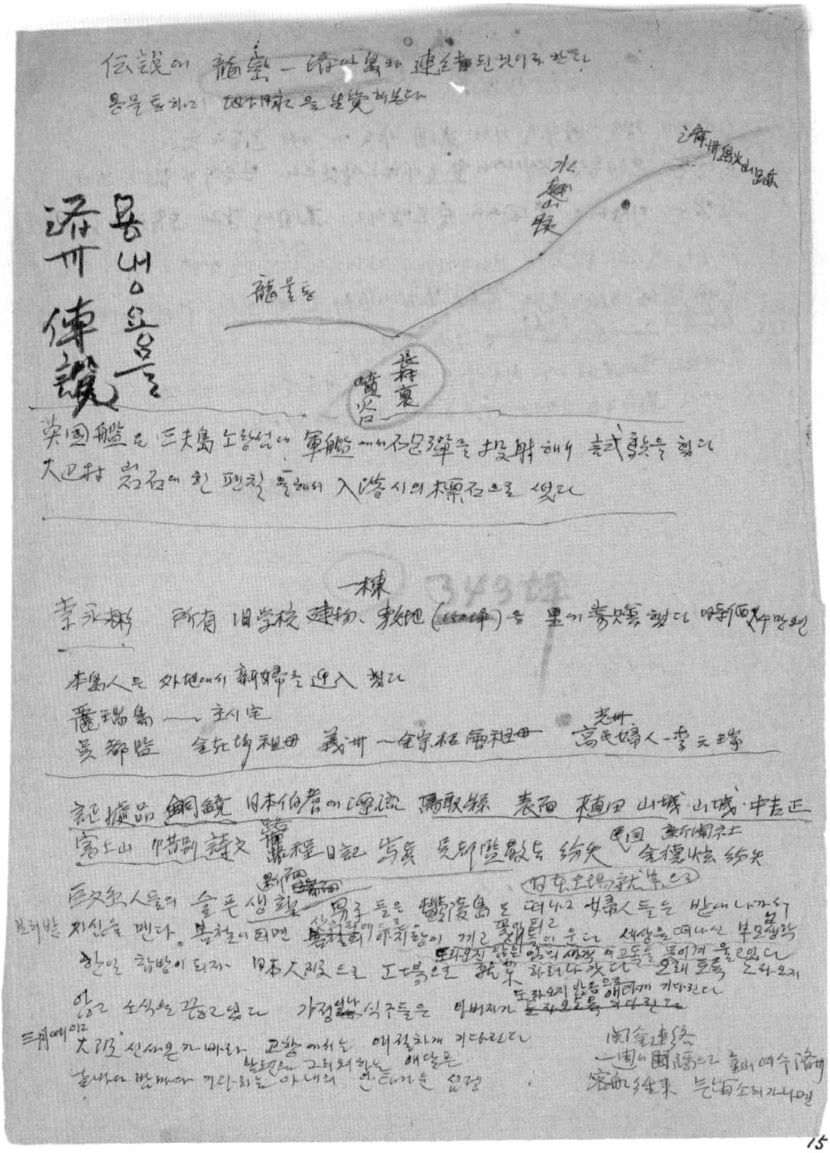
英國艦은 三夫島 노랑섬에 軍艦에서 石巨彈을 投射해서 試驗을 했다
大也村 岩石에 흰 페칠 해서 入港시의 標石으로 썼다
本島人은 外地에서 新婦를 迎入했다
15

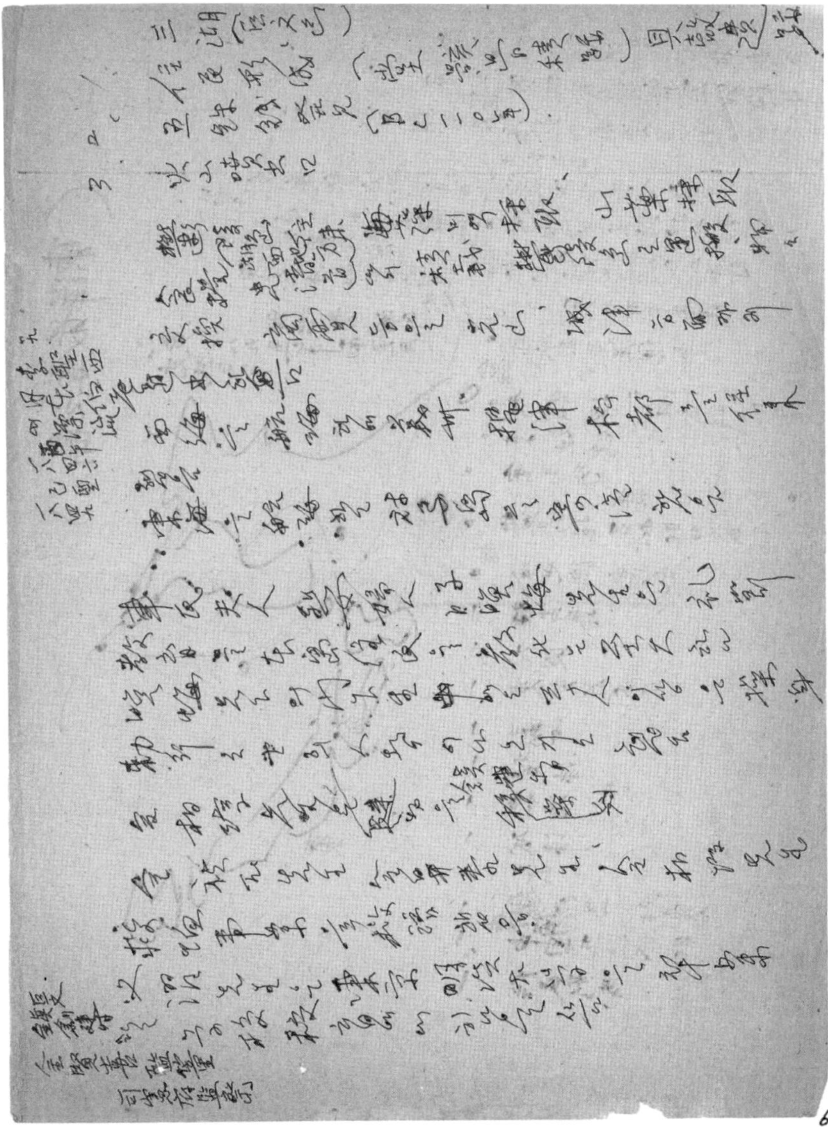

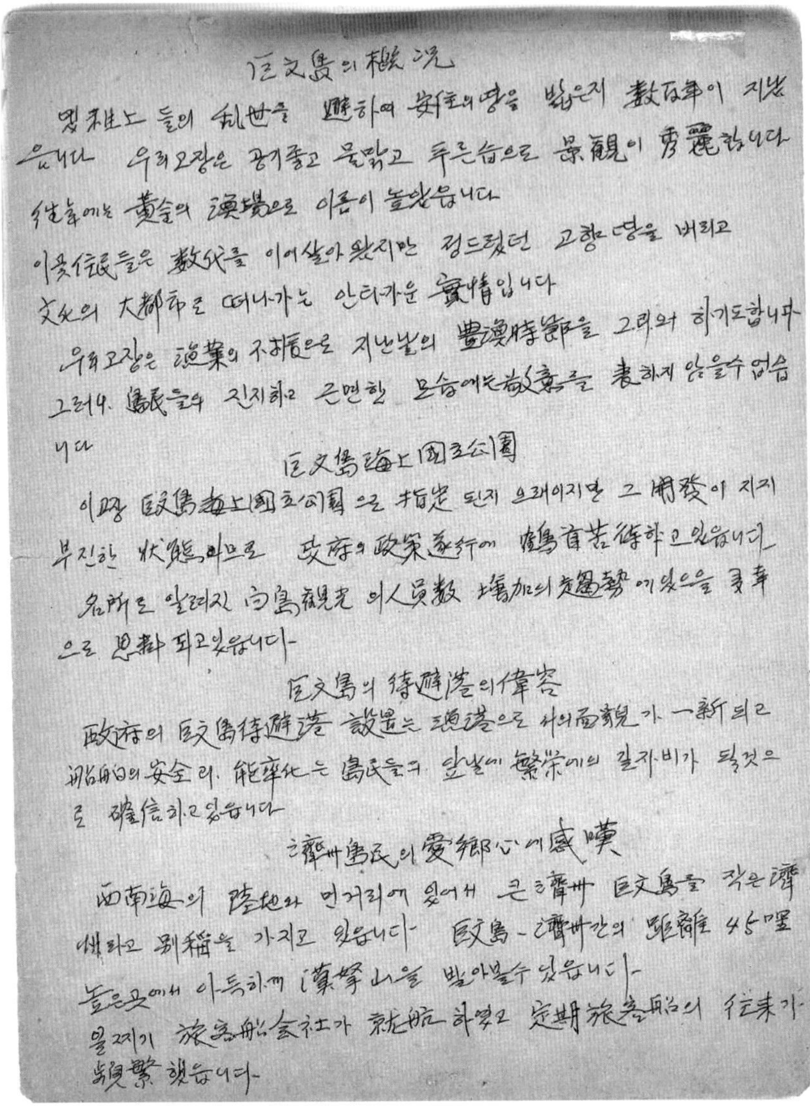

巨文島의 槪況

옛祖上 들의 亂世를 避하여 安住의 땅을 밟은지 數百年이 지났읍니다 우리고장은 공기좋고 물맑고 푸른숲으로 景觀이 秀麗합니다
往年에는 黃金의 漁場으로 이름이 높았읍니다
이곳住民들은 數代를 이어살아 왔지만 정드렸던 고향땅을 버리고
文化의 大都市로 떠나가는 안타까운 實情입니다
우리고장은 漁業의 不振으로 지난날의 豊漁時節을 그리워 하기도합니다
그러나 島民들의 진지하고 근면한 모습에는 敬意를 表하지 않을수 없습니다

巨文島海上國立公園

이곳 巨文島海上國立公園으로 指定 되지 오래이지만 그 開發이 지지부진한 狀態이므로 政府의 政策遂行에 鶴首苦待하고 있읍니다
名所로 알려진 白島觀光의 人員數 增加의 趨勢에 있으므로 多幸으로 思料 되고있읍니다

巨文島의 待避港의 偉容

政府의 巨文島待避港 設置는 漁港으로서의 面貌가 一新되고 船舶의 安全과 能率化는 島民들의 앞날에 繁榮에의 길잡이가 될것으로 確信하고 있읍니다

濟州島民의 愛鄕心에 感嘆

西南海의 陸地와 먼거리에 있어서 큰濟州 巨文島를 작은濟州라고 別稱을 가지고 있읍니다 巨文島-濟州간의 距離 45哩 높은곳에서 아득하게 漢拏山을 바라볼수 있읍니다
일찌기 旅客船會社가 就航 하였고 定期旅客船의 往來가 頻繁 했읍니다

시켜 아울러 遺蹟을 整理하여 敎育的 價値를 높여야 하겠읍니다.

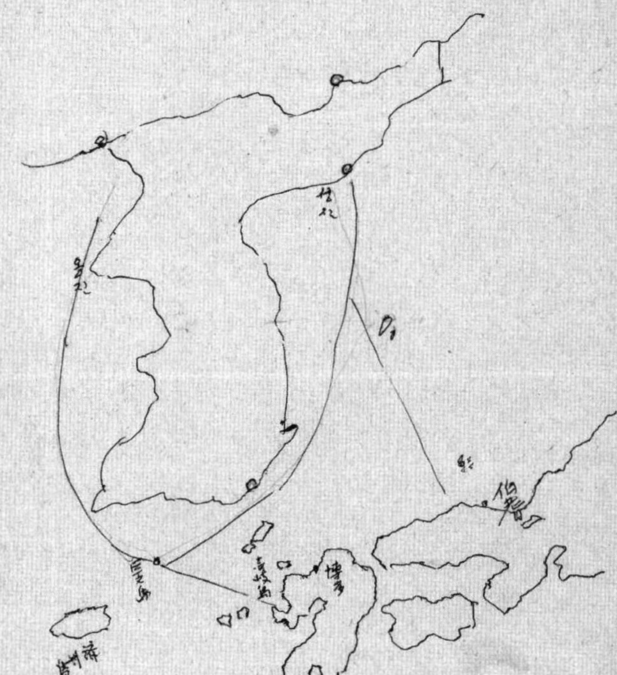

1988. 9.

請書 建立 金陽穆 崇慕

巨文島 日人 巨文 德村
1890—
防波堤 着手
西島 李炯斗 募金 10만
西村 ... 時代

1. 西海 出航 中国船 遭難
天津 西安 2030年 五色朱錢 1000 ... 發見

2. 巨文漁業船 巨運丸 沈沒

3. 日本下関 ... 運搬船 ~~沈沒~~

1885 英国艦 巨文島占據
... 沈沒 ...

巨文島 40t 漁船沈沒

長樂 ... 米穀運搬船 沈沒

金泳三大統領 巨文島에 安全施設 指示

4 釜山 ... 遭難 100名 東亞大生 外 12名 溺死

巨文島民 鬱陵島進出 ...
島鄕 ... 就任
国家 ... 飛行機 ... 島 ...
... 巨文島民代表 ...
建議書 金泳三 秘書室에 回信文 受領

... 之亂 (李 ...)
鬱陵島 進出 日本漂流
草島 金氏 6代祖墓
金劉書 四... 通報

50

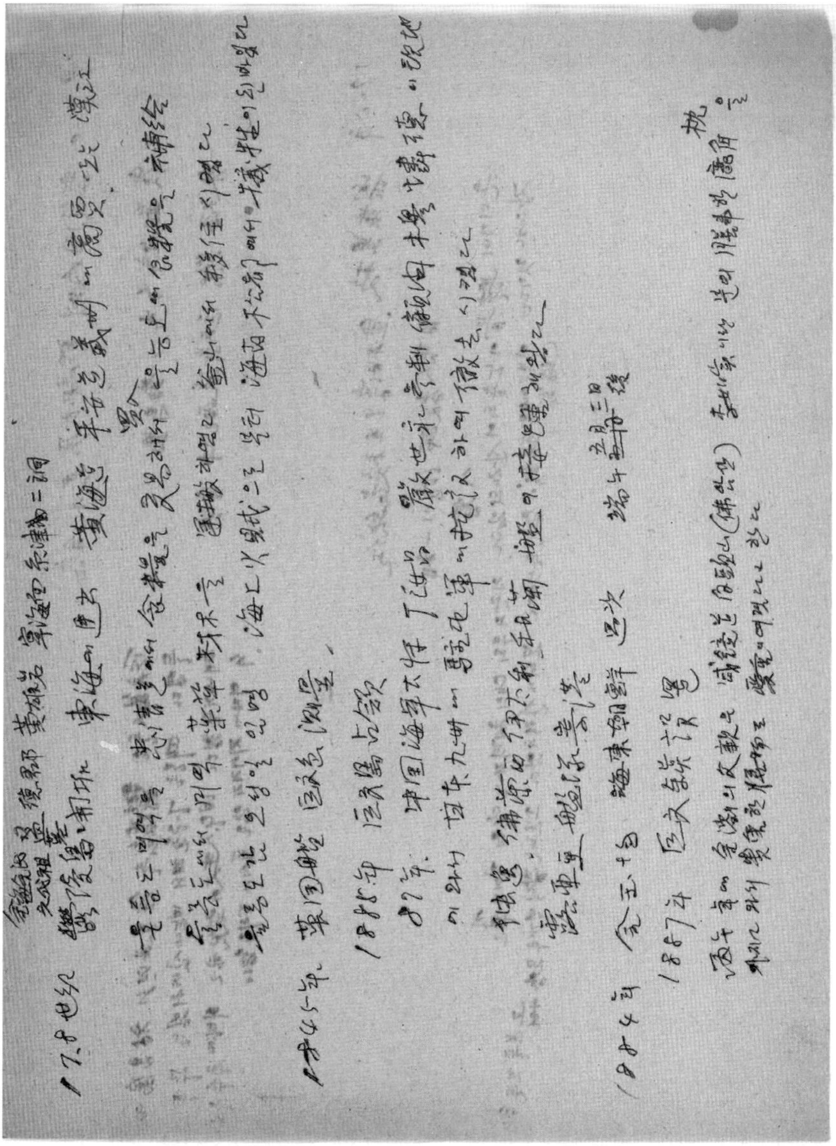

金海金氏 文化祖 盈德郡 黃雄岩 寧海面 京津洞 二洞

1,8世紀 鬱陵島에 와서 東海에 出去 黃海道 平安道 義州에 商賈 또는 漢江

울릉도 미역을 忠清道에서 食糧을 交易해서 買入 울릉도에 食糧을 補給

울릉도에서 미역 藥草 材木을 運搬하였고 釜山에서 移住시켰다.

울릉도간 오십일 인명 海上火賊으로 부터 海商不公평에서 犧牲이 된바 있다

1845年. 英国船 巨文島 測量

1885年 巨文島占領

87年. 中国海軍大將 丁汝昌 嚴世永 ... 穆麟德 이 現地에 와서 日本九州에 駐屯軍에 抗議하여 撤去시켰다

獨逸, 佛蘭西 伊太利 和蘭 船이 接近해왔다

露西亞 艦隊寄港

1884年 金玉均 海東朝鮮 巡次 端午 五月三日 後

1887年 巨文鎭設置

丙午年에 金溜의 文献은 咸鏡道 白頭山(佛암산) 李씨某이란 분의 服事한 鹿角 枕을 가지고 와서 貴重한 標物로 愛重이 여겼다고 한다

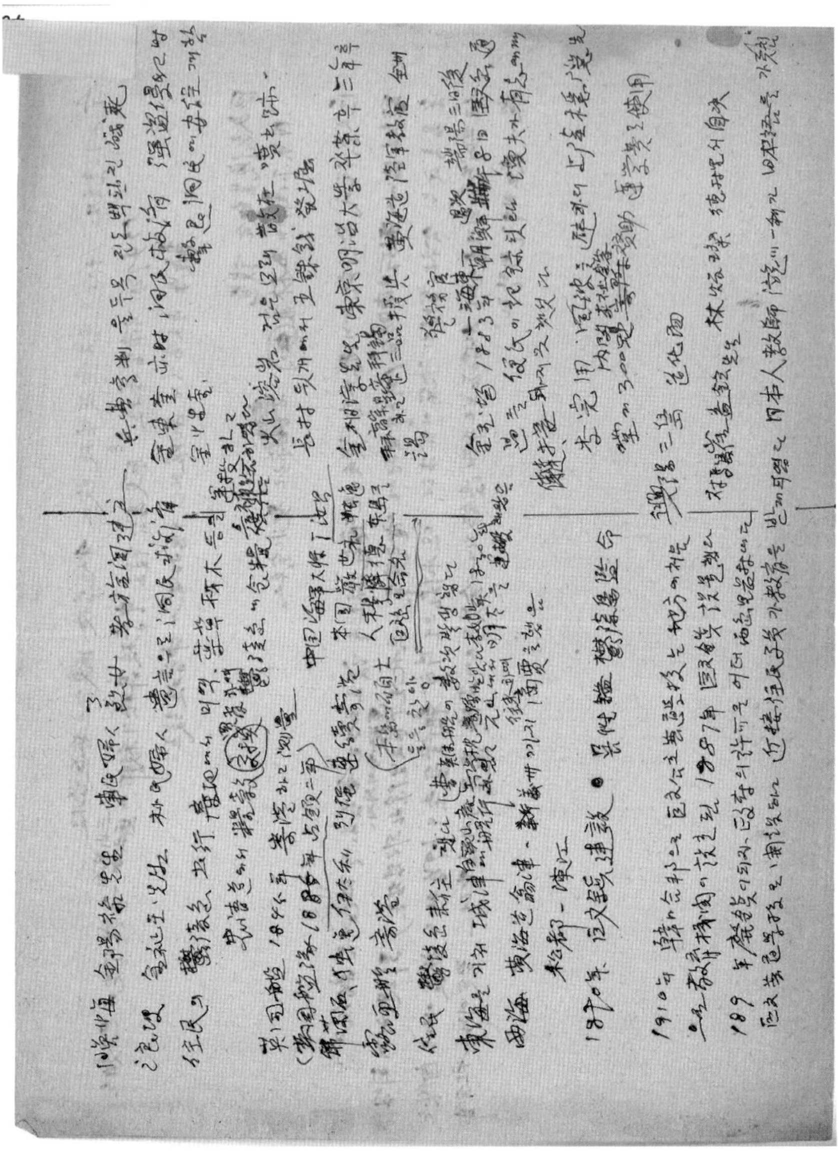

45

禮節의 고장　晩悔 金陽祿先生 (孝子烈女)

~~金~~　四孝 旌閭建立 車氏婦人 三氏婦人 張氏婦人

滄坡 金祉運先生 孝子門旌閭 朴氏婦人의 遺訓을 받드러 洞民救濟

灌西 金東奎 子弟를 日本에 遊學시켰다. 貧民救濟 張窮盜를 徵退

又峴 金相淳先生 學校設立 島嶼民 敎育에 全力을 다했다

黃海道 參務官 陸軍敎官 全州 參務官 王이 辭退하고 正三品 陛下賜召

興陽郡 道化面

巨文島 三島 사람들은 東海의 鬱陵島를 開發하고 [illegible] 城津은 日本 海運中 [illegible] 만나 [illegible]

上陸했다 그 사람들은 溫情으로 生活했다 [illegible] 그런데 故鄕으로 돌아왔다 [illegible]에

故鄕에 家族들은 三年喪을 지내는 집도 있었다 故鄕을 돌아온 家族들은 눈물로 歲月을 보냈으니

어떻게 해서 歲月을 보내고 돌아올수 없었는가 하고 무르니 [illegible] 곳으로 나올때까지 [illegible] 했다고 한다

노정일지는 金在祿先生(初代 [illegible]) 6.25 때 불태워 졌다고 한다

그 사람들의 [illegible] 부서진 [illegible]등 詞文이 있었고 [illegible]이 있었다 晩悔先生 [illegible]의 保管 되었었다

가11

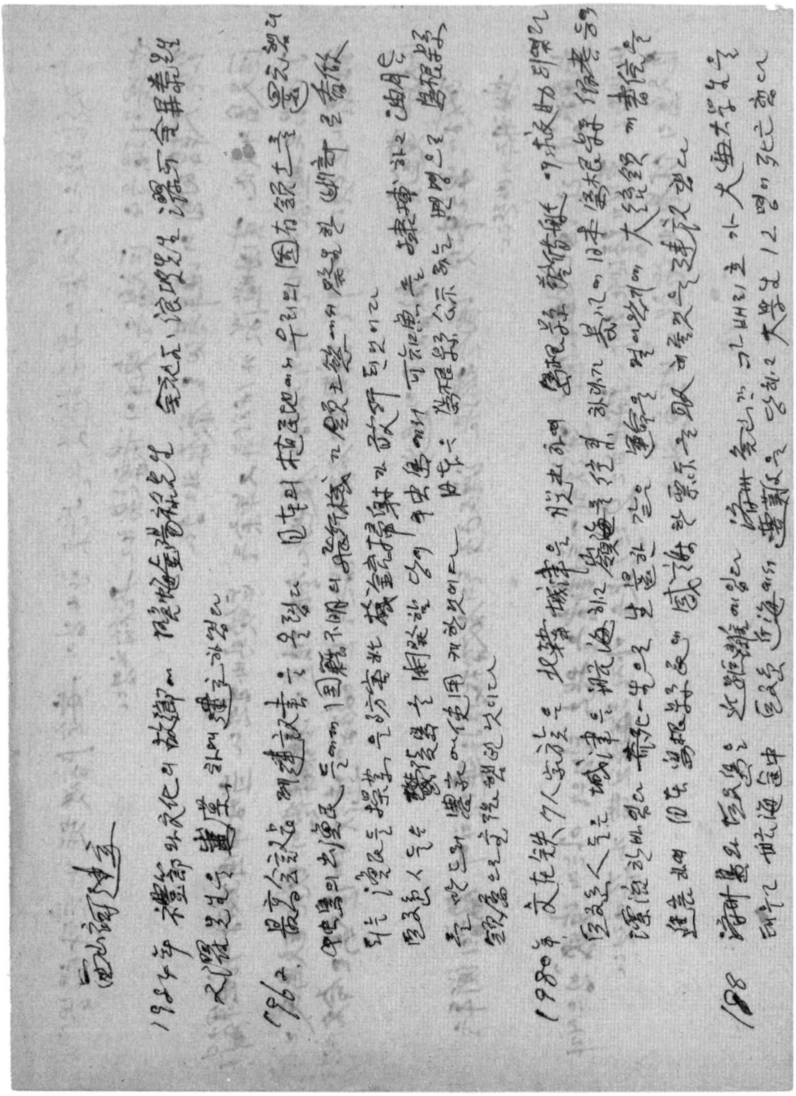
西山祠建立

1984年 禮節과 文化의 故鄕에 金陽根先生 金記元·任明先生 金昇泰 先生 之渫先生을 追慕하여 建立하였다

1962. 最高會議에 建議書를 올렸다 日本의 植民地에서 우리의 固有領土를 還元했다
中島의 出漁民들에게 國籍不明의 飛行機가 領土에서 露呈한 目標로 奇襲 되는 漁民들 操業을 妨害하는 機銃掃射가 敢行되었이다
巨文島人들은 鬱陵島를 開發할 당시 中島에서 可知魚를 捕捕하고 油脂를 만들어 農家에 使用케 한것이다 日本은 島根縣 公示라는 명목으로 島根縣 領屬으로 主張했던 것이다

1980年 文在鉄 7人家族은 北韓 城津을 脫出하여 島根縣 警備艇에 救助되었다
巨文島人들은 城津을 航海하고 嶺海를 往來하다가 晩年에 日本 島根縣 役者들의 還送한바 있다 九死一生으로 生還한 같은 運命을 걸어왔기에 大統領께 書信을 建言하여 日本 島根縣 當局에 感謝한 表示를 取해줄것을 建議했다

188 濟州島와 巨文島는 近距離에 있다 濟州 가 大學生을 태우고 航海途中 巨文島 近海에서 遭難을 당하고 大學生 12명이 死亡했다

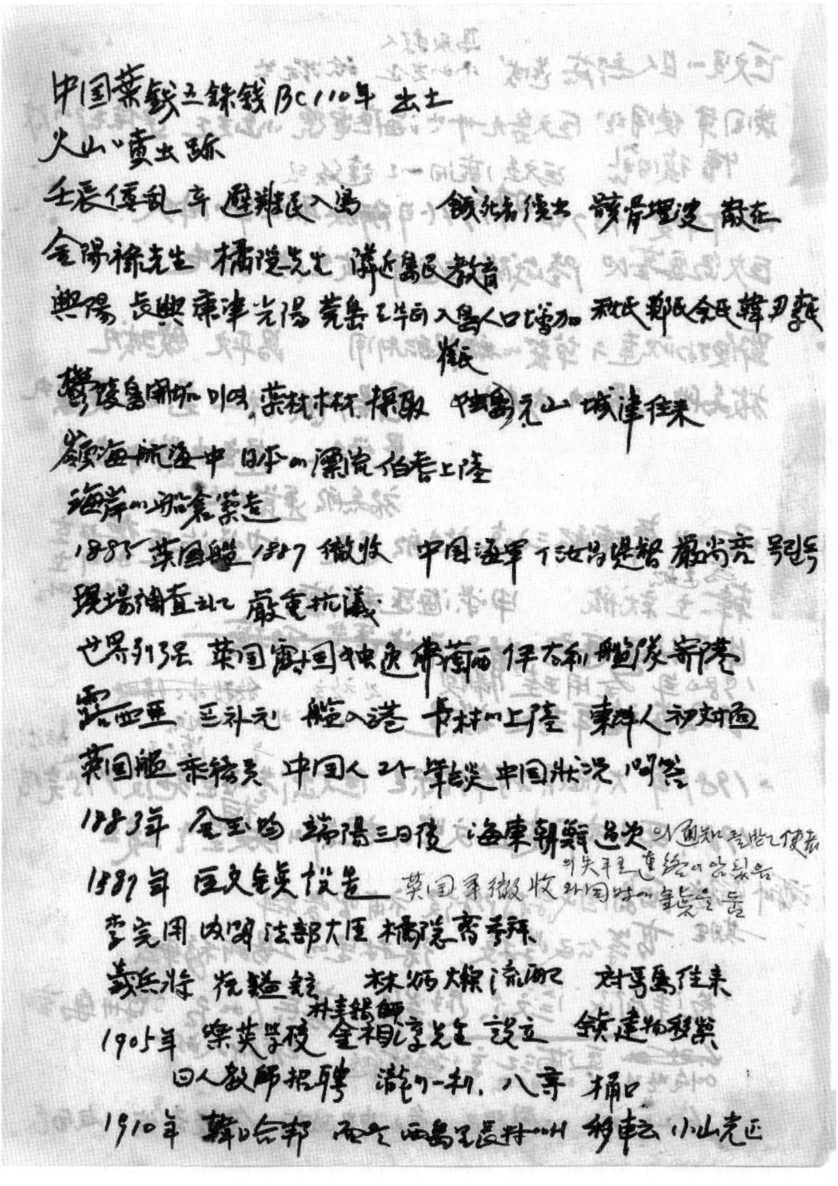
中国葉錢五銖錢 BC110年 出土
火山이 噴出跡
壬辰倭乱 후 避難民入島 錢[illegible]遺出 骸骨埋没 散在
金陽[illegible]先生 橘隱先生 隣近島民 教育
興陽 長興 康津 光陽 莞島 [illegible] 入島人口增加 [illegible]氏 鄭氏 金氏 韓氏 尹氏 崔氏
鬱陵島開拓에 미역, 藥材木材 採取 [illegible] 元山 城津 往來
[illegible]海航路中 日本에 [illegible] 伯耆上陸
海岸에 [illegible]築造
1885 英国艦 1887 撤收 中国海軍 丁汝昌提督 [illegible] 號인[illegible]
現場調査하고 嚴重抗議.
世界列強 英国 露国 独逸 佛蘭西 伊太利 艦隊寄港
露西亜 [illegible] 艦이 港 [illegible]村에 上陸 東洋人 初対面
英国艦 乘務員 中国人 고가 筆談 中国狀況 問答
1883年 金玉均 端陽三日後 海東朝鮮 [illegible] [illegible]
1887年 巨文鎭 設置 英国軍撤收 [illegible]
李完用 内閣 法部大臣 橘隱 [illegible]
義兵将 [illegible] 林炳燦 流配로 対馬島往來
1905年 樂英學校 金相淳先生 設立 [illegible]
日人教師 招聘 [illegible] 八尋 [illegible]
1910年 韓日合邦 [illegible] 西島里 長村에 [illegible] 小山光正

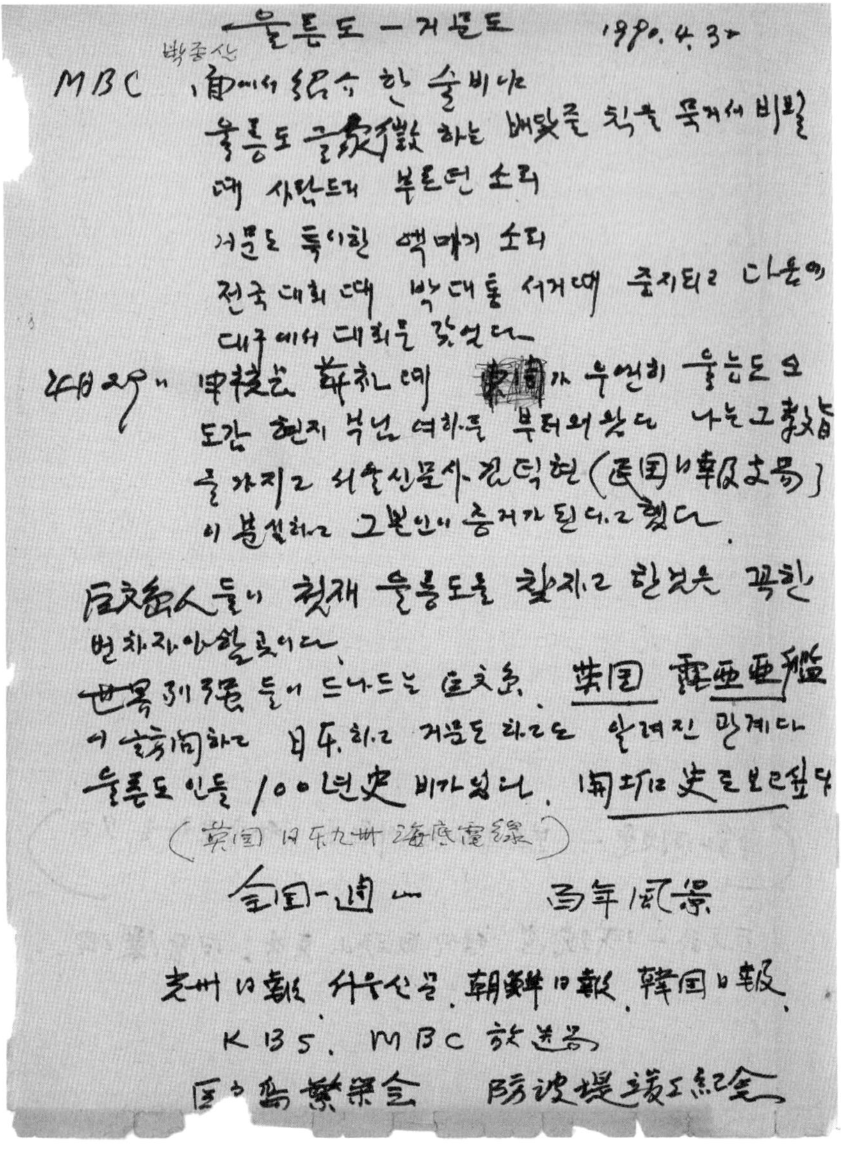

울릉도 – 거문도 1980. 4. 30

박종산

MBC 1回에서 紹介 한 술비나

울릉도 를 [illegible] 하는 배모을 칙을 묶어서 비빌

때 사람드리 부르던 소리

거문도 독이한 멕매기 소리

전국 대회 때 박대통 서거때 중지되고 다음에

대구에서 대회를 갖었다

2日 [illegible] 中樞院 許之 때 [illegible]가 우연히 울릉도 오

도감 현지 복닌 여하를 부려왔다 나는 그 資料

를 가지고 서울신문사 김덕현 (民国日報 支局)

이 분실하고 그 본인이 증거가 된다고 했다.

巨文島人들이 현재 울릉도를 찾지고 한것은 꼭한

번 찾지 아할곳이다,

世界 列强 들이 드나드는 巨文島, 英国 露西亜 艦

이 [illegible]하고 日本 하고 거문도 라고도 알려진 관계다

울릉도 인들 100년史 비가 있다. 開拓 史 로 보고싶다

(英国 日本 九州 海底電線)

全国一周 [illegible] 百年風景

光州日報 서울신문, 朝鮮日報, 韓國日報,

KBS, MBC 放送局

巨文島 [illegible]會 防波堤 [illegible] 紀念

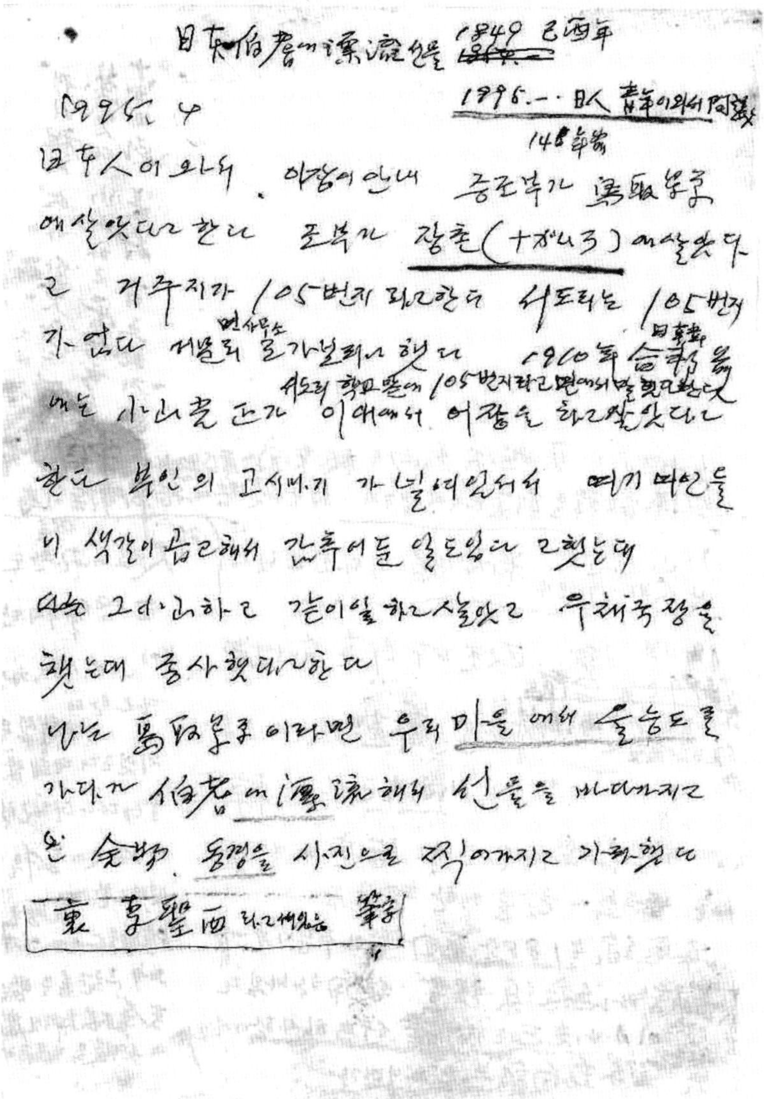

日本 伯耆에 漂流 선물 1849 己酉年

1995. 4　　　1996. -- 日人 靑年이와서 問議
148年前

日本人이 와서 . 아랑이 안내 증조부가 馬取부落
에 살었다고 한다 조부가 장촌(ナガムラ)에 살었다
고 거주지가 105번지 라고 한다 서도리는 105번지
가 없다 서울의 면사무소로 가보라고 했다 1910年 合邦 日本에
서도리 학교 뒤에 105번지라고 면에서 말했다고 한다
애는 小山村 로가 이대에서 어장을 하고 살았다고
한다 부인의 고시바기 가 남에 있어서 여기 며인들
이 색갈이 곱다해서 감추어둔 일도있다 그랬는데
서는 그대로하고 같이일하고 살았고 우체국장을
했는데 종사했다고 한다
나는 馬取부落 이라면 우리 마을 에서 울릉도로
가다가 伯耆에 漂流해서 선물을 받아가지고
온 金龍 동경을 사진으로 찍어가지고 가라 했다
東 李聖西 라고 써있는 筆字

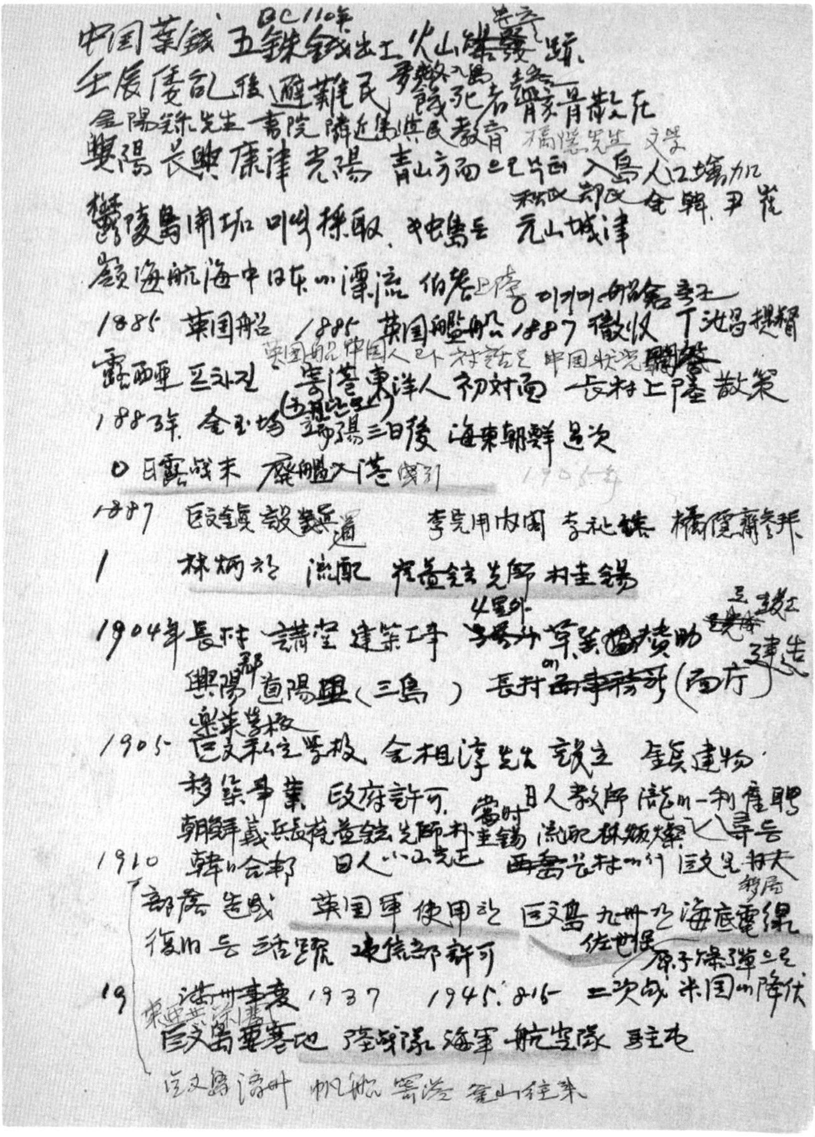

BC110年
中国葉錢 五銖錢出土 火山噴發 跡
壬辰倭乱 後 避難民 多数入島 餓死者 [illegible] 散在
金陽錫先生 書院 隣近島民 教育 橘隱先生 文學
興陽 長興 康津 光陽 青山方面으로부터 入島人口 增加
[illegible] 郡守 金 韓 尹 [illegible]
鬱陵島開拓 미역採取 [illegible] 元山城津
[illegible] 航海中 日本에 漂流 [illegible]
1885 英国船 1885 英国艦船 1887 撤收 丁汝昌 提督
露西亜 [illegible] 東洋人 初対面 長村上陸 散策
1883年 金玉均 [illegible] 三日後 海東朝鮮 [illegible]
日露戦末 露艦入港 1905年
1887 巨文鎭 設置 [illegible] 橘隱 [illegible]
1 林炳[illegible] 流配 [illegible] 先師 朴圭錫
1904年 長村 講堂 建築工事 [illegible] 贊助 建造
興陽郡 [illegible] (三島) 長村 (面庁)
1905 巨文私立學校 金相淳先生 設立 [illegible] 建物
移築事業 政府許可 當時 日人教師 [illegible] 招聘
朝鮮義兵長 [illegible] 先師 朴圭錫 流配 [illegible]
1910 韓日合邦 日人 [illegible] 巨文島 [illegible]
部落 [illegible] 英国軍 使用한 巨文島 九州간 海底電線
復旧 [illegible] 遞信部 許可 佐世保
19 [illegible] 1937 1945.8.15 二次戦 米国에 降伏 原子爆弾으로
巨文島 要塞地 陸戦隊 海軍 航空隊 駐屯
巨文島 [illegible] 帆船 [illegible] 釜山 往来

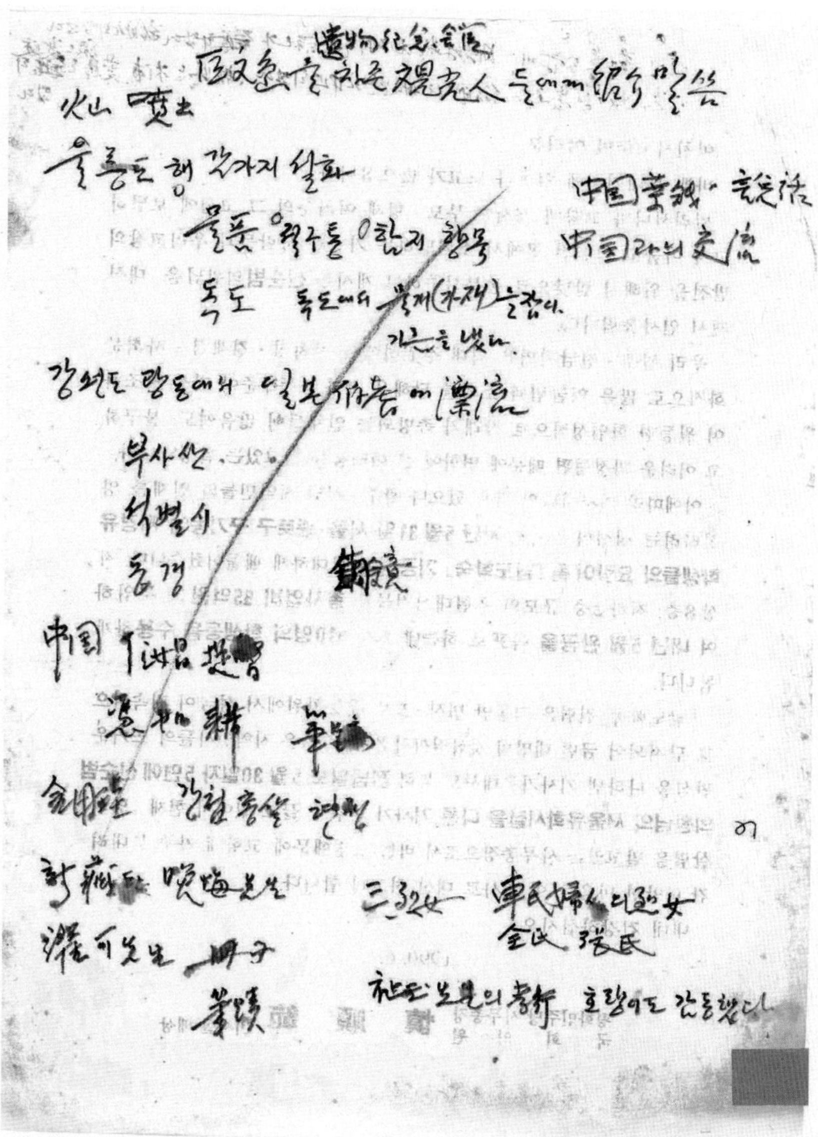
遺物紀念會館
[illegible]를 찾은 觀光人 들에게 紹介 말씀
火山 噴出
울릉도 [illegible] 갖가지 설화
물품 [illegible] 항목
中国葉銭 [illegible]
中国과의 交流
독도 독도에서 물개(가재)를 잡다.
가죽을 냈다.
강원도 [illegible]에서 일본 [illegible]에 漂流
부사산
[illegible]
동경
中国 [illegible]
[illegible]
三[illegible]女
[illegible]氏婦人 [illegible]女
金氏 張氏
[illegible] 호랑이도 [illegible]

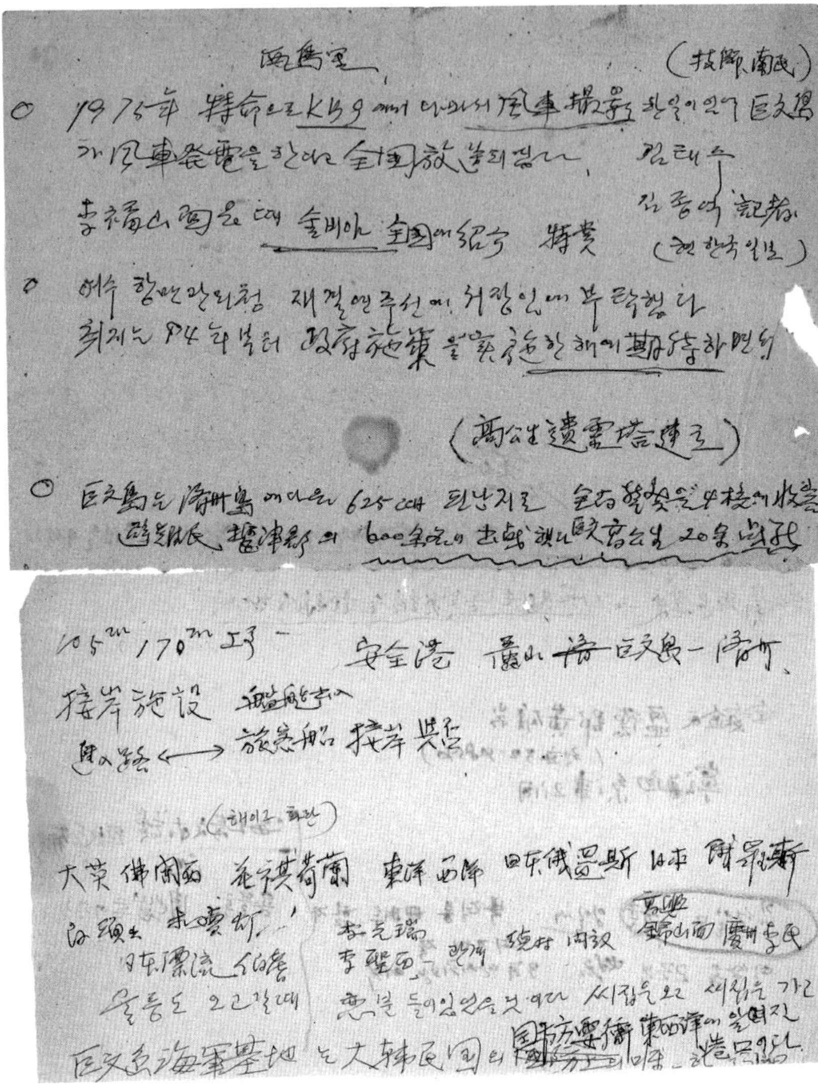

26

[성화보의 기억을 찾고로 했다] 1988.8.22

(이현장) 이갑찬 벼슬이기에 물어봤다 묻은다 칼 두개

이천충 호패 소뿔로 각해렀다 울릉도 행 관처 이예묘

후녀에 묘하며 묘분 3묘이 있다 육배당에서 온사람들이다 원에패를 지키서 배!

(김중근) 외주 토망갈에서 왔다 외주내 할머니 드러운것 같다

(김형근) 토만강 노름은 했서 배 두동강이 된지도 모른다

채윤조부 한강에서 칼마직다

(김봉년) 두천내 한강에서 죽어서 시체운반

(김민숙) 왕순 제주내 한나씨

난동이내 배 항총서 오다가 조난을 당했다 조문로 드러가지않은 이유가 있었다

울릉도에서 전복이 많이 났어서 쥐가 암벽로 전복을 머리위로 올려서 뒷쥐에

유출 박가의 효자가 마당에 전복을 넘겨주어서 많은 전복을 운반한것이라고

물어다 놓았다

울릉도에서 산삼을 많이 캐왔다 산삼을 캐나놓면 그 산을 엽해서

몰래 많이 먹어서 울릉도 왕래한 사람이 장수했다

이천충, 채윤조부, 하사범, 두천내, 난동이내, 배를 가졌다

울릉도 미역이 달금했다고 미역 귀를 비다가 간직했다고

미역은 충청도 강개에서 벼하고 교환했다

노래 제주 어선 빌며타고 해남을 건너갔다

나주로 나가서 빈궁을 면했다고 한다 몇호가 배를 타고 나갔것일까

호통보 영감

[illegible]들에 호통을 했다
日本人들이 울릉도를 往來
할때 [illegible]에 들렸다

〃 金成煥 氏가 記憶하고 있다

○ 출토집 박유석 崔익현 선생
追慕한 글이 씌었다
2月23日朝 방송편 KBS
王仁博士 史蹟[illegible]

己丑 一九四九
庚寅 一九五〇
辛卯 一九五一
壬辰 一九五二
癸巳 一九五三
甲午 一九五四
乙未 一九五五
丙申 一九五六
丁酉 一九五七
戊戌 一九五八
己亥 一九五九
庚子 一九六〇
辛丑 一九六一
壬寅 一九六二

癸卯 一九六三
甲辰 一九六四
乙巳 一九六五
丙午 一九六六
丁未 一九六七
戊申 一九六八
己酉 一九六九
庚戌 一九七〇
辛亥 一九七一
壬子 一九七二
癸丑 一九七三
甲寅 一九七四
乙卯 一九七五
丙辰 一九七六

丁巳 一九七七
戊午 一九七八
己未 一九七九
庚申 一九八〇
辛酉 一九八一
壬戌 一九八二
癸亥 一九八三

228
257 257
-197
60 61

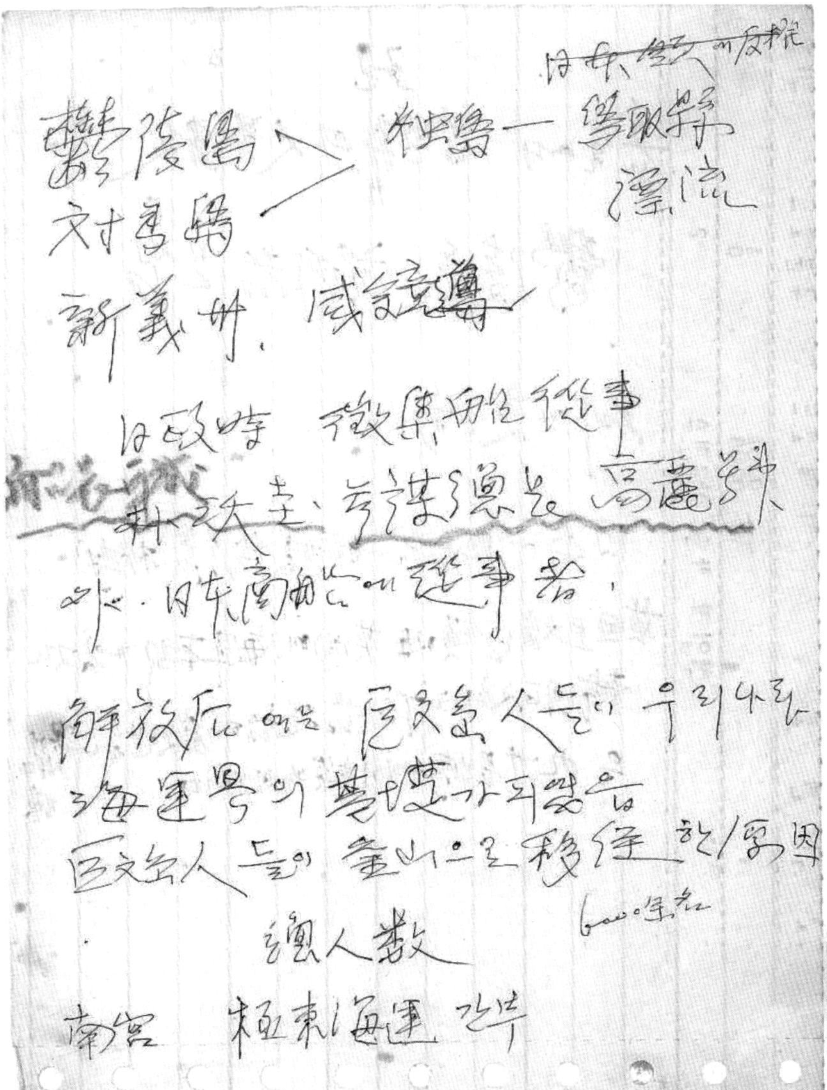
日本 ... 에 反抗
鬱陵島 > 独島 — 等取締
漂流
対馬島
新義州, 咸鏡道
日政時 徵集, 船員 從事
朴沃圭, 李漢德氏, 高麗丸
外, 日本商船에 從事者,
解放后에는 巨文島人들이 우리나라
海運界의 基礎가 되었음
巨文島人들이 釜山으로 移住한 家
600여名
總人數
南宮 極東海運 간부

巨文島의 記錄

西紀1962年 革命政府最高會議長 朴正熙 閣下 앞으로 建議書를 올리고 日本政府의 獨島에 對한 不當한 領土權主張을 否認하였다
即 巨文島人들은 獨島를 往來하면서 미역 可知魚를 採獲하였음 鬱陵島民의 生活圈임을 實證을 들어 政府를 激勵하였다.

露國艦隊의 寄港은 西紀1854年4月20日이고 뒤따라 英國 佛蘭西 獨逸 伊太利 艦들이 寄港하였다

西紀1885年 1887年 英國艦隊는 本島를 占領하여 砲台를 構築하고 要塞化되었고 東南方 防波堤築造에 着手하였다 많은 進步를 보였다 日本長崎까지의 海底無線을 敷設하였다

1884 金玉均先生은 日本으로 부터 돌아오는 길에 本島에 碇泊 하고 過次에 傳說이 있었다고 한다 (橘陽 三日 海東朝鮮過次)
1905年 法部大臣 李址鎔 一行이 奉使로 渡日途中 寄港하여 橘隱堂을 參拜하고 誠金五百兩을 하였다

晩悔 金陽穆先生은 禮節이요 橘隱 金瀏先生은 文學으로 兩先生은 當代의 有名한 學者라고 한다
晩悔先生은 1890年 政務參判 嚴世永으로부터 童蒙敎官의 敎旨가 贈授 되었다

西紀1899年 이곳 出身으로 金相淳先生은 政府의 日本에 留學生 18名中의 한 사람으로 明治大學을 卒業하고 黃海道 金川 陸軍敎官 警務官 警視를 歷任하시고 正三品인 先生은 官職을 辭하고 1905年에 愛國하는 英材敎育에 專念하였다 廢止된 巨文鎭 建物을 政府의 許可를 얻어 移築을 하여 鄕里에 樂英學校 巨文私立普通學校를 近接한 島嶼民의 子弟들로 開校를 하였다

二代 海軍參謀總長 朴沃圭 先生은 1918年 巨文私立普通學校를 卒業하고 仁川海員養成所를 修了하였다 韓國人 商船船長으로 活躍하였고 解放後에는 海軍에 入隊하여 將官이 되었다

우리나라에서는 最初로 米國으로부터 商船 高麗호를 引受하여 運航하였으며 6.25動亂時에는 巨文島에 武器를 配置하고 敵의 侵攻에 對備하였다

政府의 拿捕船을 拂下하여 巨文島 麗水間 旅客船으로 改造하고 就航하게 된데 많은 功이 있다

抗日志士 金在明 先生은 1918年 巨文私立普通學校를 卒業하고 木浦商業學校를 二學年 修了하고 東京에 遊學하였다 京城刑務所에 收監中 獄死하였다 同志에는 金俊淵 先生이 있었다고 한다

西紀1945年 二次大戰 當時 日本軍은 塹壕를 構築하고 陸戰隊 海軍艦船 航空隊가 駐屯하여 敵과 一擊의 態勢에 突入하였다

島民의 6.25參戰 黃海道 避難民과 더불어 600余名은 濟州島訓練所를 거쳐 激戰地로 出發하였다 巨文公立國民學校 生徒 [illegible]名은 學徒兵으로 出戰하여 戰死하였다

全南警察은 巨文島로 後退하고 巨文島 4個 國民學校에 收容하였다

現在의 巨文島 海軍基地 1980年 德村里 辺村里에 設置하였다 海軍部隊는 東南方 海上防衛에 余念이 없다

西紀1885年 1887年 英國艦隊가 撤收한 후 1895年 巨文金鎭(僉水節使 守防將)을 廢止한지 88年에 巨文島의 海軍防衛가 復元하게 된 것이다

1887年 英国艦隊는 撤収가되었으나 三年마다한번식 寄港하였다고한다 潜水艦二隻補助艦이 寄港하기도했다. 各国艦船이 있다하고 入港하니 巨文島는 列強의 角逐場이 되었던 듯이다

日露戦争 시에는 德村兄弟岩에 望楼를 설치했다

敗戦한 露国艦 一隻이 拿捕되어 寄港하였고 二次大戦時에는 日本商船 日呂丸 8000屯이 拿捕되었다. 海岸에 繋留하고 修理를 하였다

巨文島灯台 1905年 佛蘭西製 렌즈 使用으로 灯台가 設置되었다

満州事変後 大連을 往来하는 商船은 1日 3,400隻 灯台앞을 通過한것으로 본다

巨文湾 태풍 避難商船이 30余隻을 算했다

1981.11.26 조선日報

가까스로 英国軍이 巨文島에서 撤収하자 列強사이에서는 朝鮮을 中立国化 하자는 論議가 있었다。 이같은 好機를 놓치고 이나라는 日本에 먹혔다가 해방을 맞았다。 차라리 巨文島가 英国의 租借地가 되었던들 巨文島는 오늘날처럼 버려진 섬이아니라 홍콩에 버금가는 영화를 맛보았으리라。 日本이 물너가고 北韓의 羅津港은 蘇聯의 租借地가 되었다。 米国의 韓半島 방위를 공약한것을 보면 韓末의 巨文島사건은 아직도 계속되고있는 世界情勢속의 韓国位置다。

巨文島略史 ~~[illegible]~~ (概況)

○ 中国貨幣 五銖錢 BC 110 (2000) 이 出土되었음 中国古代 언나라 때의 貨幣는 交流한것인지 알수없다

○ 壬辰之亂 李忠武公은 日人들이 [illegible]兵 을 무찌르고 왼은 도망쳤다. 兵丁 460명을 駐屯 시켰다.

巨文島 [illegible] 碧波津 [illegible] 에서 金世浩 [illegible] 을 세우고 戰死했음

李舜臣將軍 麾下에 戰死하자 王에 狀啓를 올렸다

○ 金世浩兵曹 는 碧波津 에서 戰死 李舜臣將軍은 即時 朝廷에 狀啓를 올렸다. 王은 그의 위대한 전공과 장한 충정은 가히 후세에 전하여 잊어지지 않을것이다

○ 西山祠 에 奉祠한 金陽[illegible]先生 金[illegible]先生 金[illegible]先生 金相[illegible]先生 을 奉行

○ 李氏婦人의 烈行 子 晩悔先生의 孝行은 至極하였다

1880년 [illegible]教官의 教旨가 廢止 되었다 많은 人材 들이 輩出 되었다

○ 巨文島民은 東海와 西海에 冒險의 航路를 開拓하고 鬱陵島 生産物 미역 藥草 香木 등을 運搬했다 忠清道에서 穀類를 交易하였다

○ 関東方面을 航行 하다가 日本 [illegible]에 漂流 하였다 日人들과 서로 筆文으로 交際 하고 [illegible] 歸国 하게되자 日人들은 [illegible]의 [illegible]을 잊지못하고 作別하였다

英国商船이 初入港 하고 보-트 하밀톤이라 名命하였다 ~~[illegible]~~

○ 英国艦隊는 1885년 1887년 巨文島를 占領 하고 海底電線을 日本九州 [illegible] 通하게 되고 敷設을 하고 要塞化 하였다

列強国이

○ 各国의 列强 들이 이에 接[illegible] 하여 寄港 하여왔다 巨文島를 最要之島라고 했다

東洋 [illegible]

1854年

○ 露西亜 와라다호 艦長 푸차-친 提督은 目的地 巨文島(Port Hamilton)에 到着 하였다. [illegible] 하고 [illegible]는 [illegible]을 따라 登山도 하고 海岸을 散策 하였다 두곳에 있는 [illegible]이었다. 下[illegible]을 하였다 두老人들이 자리를 권했다 筆談으로 對話가 되었다.

○ 1905년 日露戰에는 露国敗艦을 巨文島港에 曳引 해왔다 ~~[illegible]~~

政府에서는

○ 巨文島燈臺 1885-1887 英国海軍이 撤收하자 巨文島燈臺를 設置했다.

○ 1890 鬱陵島監 吳性鎰 島監의 教旨가 下達되었다.

· 巨文島人 들은 勇敢했다 鬱陵島 등 往來하고 東海 沿岸 航行 中 颱風을 만나 日本 佐渡에 漂流했다 西海로 鎭津으로 義州로 까지 往來하고 商賈를 했다

巨文島는 人口가 激減 되었다 日帝시 商船從事者가 많았다. 解放이 되자 釜山 商船会社에 從事하며 東島 住民은 釜山으로 移住者가 增加하였다 巨文島 德村民 등은 海運界에 [illegible] 功勞가 있다

德村国民学校 250명

東島国民学校는 250명이 넘은 学生数가 70명 이하로 減少를 가져와서 巨文島 国民学校의 分校가 되었다

巨文港의 멸치 漁場은 荒廢 되었다 待避港으로 變했고 漁場은 養殖漁場으로 轉換하고 있다 漁港을 代替 해줄 것을 当局에 부탁한다 이에 . 이개미 고박에 鹿山 끝을 잇는 線을 防波한다면 広大한 面積을 確保 할수있다

· 白島 觀光地 하여 巨文島를 觀光地로 施設 해줄것을 要望한다. 現在 計劃中인 候補地를 開發 해줄것을 要望한다 漁民의 休息處가 되고 公園化를 바란다.

「6.25 一次로 学徒兵으로 出征 해서 戰歿者 을 냈다

· 巨文島 뱃노래 金씨는 全南代表로 選出參與

西島里 [illegible] 1980.5.9 [illegible] 竣工 [illegible] 寄附金 徵收 [illegible]

영남대학교 독도연구소

영남대학교 독도연구소는 2005년 일본 시마네현의 '죽도의 날' 제정에 대응하기 위해 "독도를 비롯한 동해안 문화권에 관한 자료를 수집 · 정리하여 연구"하는 것으로 목적으로 전국에서 처음으로 설립된 민간 연구기관이다. 2007년부터는 교육부 정책중점연구소로 지정되어 지금까지 '독도학 정립을 위한 학제간 연구', '독도 영유권 확립을 위한 융복합 연구'를 수행하여 정부의 정책을 지원하고 있다. 2005년부터는 유일한 한국연구재단 등재지인 "독도연구"를 발행하고 있으며, 그 외에도 "독도연구총서", "독도자료총서", "독도번역총서"를 발간하는 등, 국내 독도연구를 이끌어가고 있는 연구기관이다.